室内设计实训指导

Interior Design Practice Training Guide

主编 高 光 姜 野

编著 高 光 等

辽宁美术出版社

Liaoning Fine Arts Publishing House

序 >>

当我们把美术院校所进行的美术教育当作当代文化景观的一部分时，就不难发现，美术教育如果也能呈现或继续保持良性发展的话，则非要"约束"和"开放"并行不可。所谓约束，指的是从经典出发再造经典，而不是一味地兼收并蓄；开放，则意味着学习研究所必须具备的眼界和姿态。这看似矛盾的两面，其实一起推动着我们的美术教育向着良性和深入演化发展。这里，我们所说的美术教育其实有两个方面的含义：其一，技能的承袭和创造，这可以说是我国现有的教育体制和教学内容的主要部分；其二，则是建立在美学意义上对所谓艺术人生的把握和度量，在学习艺术的规律性技能的同时获得思维的解放，在思维解放的同时求得空前的创造力。由于众所周知的原因，我们的教育往往以前者为主，这并没有错，只是我们需要做的一方面是将技能性课程进行系统化、当代化的转换；另一方面，需要将艺术思维、设计理念等这些由"虚"而"实"体现艺术教育的精髓的东西，融入我们的日常教学和艺术体验之中。

在本套丛书出版以前，出于对美术教育和学生负责的考虑，我们做了一些调查，从中发现，那些内容简单、资料匮乏的图书与少量新颖但专业却难成系统的图书共同占据了学生的阅读视野。而且有意思的是，同一个教师在同一个专业所上的同一门课中，所选用的教材也是五花八门、良莠不齐，由于教师的教学意图难以通过书面教材得以彻底贯彻，因而直接影响教学质量。

在中国共产党第二十次全国代表大会上，习近平总书记在大会报告中指出："教育、科技、人才是全面建设社会主义现代化国家的基础性、战略性支撑……全面贯彻党的教育方针，落实立德树人根本任务，培养德智体美劳全面发展的社会主义建设者和接班人。坚持以人民为中心发展教育，加快建设高质量教育体系，发展素质教育，促进教育公平。"党的二十大更加突出了科教兴国在社会主义现代化建设全局中的重要地位，强调了"坚持教育优先发展"的发展战略。正是在国家对教育空前重视的背景下，在当前优质美术专业教材匮乏的情况下，我们以党的二十大对教育的新战略、新要求为指导，在坚持遵循中国传统基础教育与内涵和训练好扎实绘画（当然也包括设计、摄影）基本功的同时，借鉴国内外先进、科学并且灵活的教学方法、教学理念以及对专业学科深入而精微的研究态度，努力构建高质量美术教育体系，辽宁美术出版社会同全国各院校组织专家学者和富有教学经验的精英教师联合编撰出版了美术专业配套教材。教材是无度当中的"度"，也是各位专家多年艺术实践和教学经验所凝聚而成的"闪光点"，从这个"点"出发，相信受益者可以到达他们想要抵达的地方。规范性、专业性、前瞻性的教材能起到指路的作用，能使使用者不浪费精力，直取所需要的艺术核心。从这个意义上说，这套教材在国内还具有填补空白的意义。

目录 contents

第 **1** 章

室内设计的职业特征

第一节　室内设计的内涵

要学好室内设计，我们首先要了解"室内"的含义是什么？

所谓"室内"，一般泛指建筑的内部空间。它是与建筑同步产生的，它的最大特点在于它是有顶面的，它可以视为给人们提供遮风避雨的场所。

在当今世界，人们的生活体验很大程度上是在室内进行的，人们一生的大部分时间都是在室内度过的。我们吃饭、睡觉、起居都是在家里——居住室内空间，而我们工作、学习、购物、娱乐等都是在办公室、工厂、学校、商场、博物馆、音乐厅等公共空间，或是在特殊的室内空间里进行。因此可以说，人们赖以生存的室内空间环境的优良与否，必然会直接关系到人们室内生活与各项活动的质量。人们要在优良的室内空间环境里生活与工作是离不开设计的。只有通过室内设计，才能使人们生活的室内空间环境安全、健康、有效率、舒适，才能更好地满足人们的物质生活与精神生活的需要。

"设计"一词的含义很广，一般是指设计者的思考过程。它是一种构想、计划，并通过实施，最终以满足人类的需求为目的的。

设计是连接精神文化与物质文明的桥梁，在满足人的生活需求的同时，又可以规范或改变人的活动行为和生活方式，以及启发人的思维方法及创造力。

现在，设计已覆盖了我们生活的方方面面，从人们的衣、食、住、行、用等人类生活的各个领域都有设计的印记。可以说，设计无处不在，从玲珑精巧的日用生活用品、家居摆设，到大型工业设备、摩天大楼以及人类探索太空的航天飞机等等，都是人类设计所产生的。

那么什么是室内设计？　室内设计的内涵是什么？它又是如何进行的呢？

一、对室内设计的认识

室内设计是建筑设计的室内部分设计。在历史上，每一幢建筑物，它的室内设计与建筑设计的过程是统一的、连贯的、一气呵成的，甚至连施工操作也是一次完成的。而这些都是由设计师来做的。所以在历史上，只把建筑物（建筑空间）称为建筑设计，不太强调室内设计的独立意义，而把它包含在建筑设计的概念之中。随着近现代科学技术的发展，新型建筑材料陆续出现，施工技术手段发生了变化。同时，由于社会经济不断的发展，人们消费观念也发生变化，从而推动了室内设计行业的发展。现代人的生活内容日益丰富，对于建筑空间的要求不仅多样化，还要不断变化更新，使原来稳定不变的某一种室内空间格局已无法适应，这就从客观上形成了室内设计摆脱建筑设计的趋势，出现了既不脱离建筑设计而又独立于建筑设计的室内设计行业。它提供给使用者的建筑室内空间是完整的、不需要再加工的，是安全的、健康的、使用方便的、舒适的空间。

室内设计是根据建筑物的使用性质、所处环境和相应标准，运用物质技术手段和建筑美学原理，创造功能合理、舒适优美、满足人们物质和精神生活需要的室内环境。这一空间环境既具有使用价值，满足相应的功能要求，同时也反映了历史文脉、建筑风格、环境艺术气氛等精神因素。例如，卧室室内设计，首先要满足人的生理需要，要有可供人们睡眠及配套的卧室家具，还要根据人们的心理需求，作一种理性的创造活动，使室内的装饰、灯光、色彩及空间环境气氛更加适合人们的休息、睡眠，并给人以私密、安全感，使人们在生活、居住、心理和视觉各方面得到满足与相互间的和谐，从而增进人生的意义。

室内设计涉及的范围十分广泛，所有建筑物的室内空间部分，都是室内设计的内容。以住宅为例，门厅、楼梯、走道、过厅、厨房、卫生间、起居室、卧室等都需要进行设计。再以宾馆为例，门厅、中庭、走道、楼梯、电梯、办公室、卫生间、客房、餐厅、舞厅等，无一不需要室内设计。

另外，作为室内设计的服务对象，即建筑物的直接使用者又各具特征，不仅有民族、性别、年龄、职业的差异，而且还有文化、情趣、爱好的不同。因此，使用者的要求也是非常复杂的。

室内设计发展到今天，已经超出了依附于建筑实体的室内空间设计，延伸到了室内空间附属物的设计，如家具、陈设、卧具、灯光照明等设计。

由于20世纪以来科学技术和工业生产的高度发展，现代生活形成了不同于过去的一种崭新而独特的方式。这种生活方式包含着群体组织、社会制度、人际关系、伦理道德的改变与革新，从而产生对新的生活空间的一切设施的需要，而现代室内设计便是解决这一需要的最根本的方式与手段。又由于现代生活离不开个人、家属、社会、工作四个方面的错综而复杂的关系，现代室内设计工作必须考虑下列几个主要设计因素：

使用性质——按建筑功能的要求并与其功能相适应的室内空间；

所在场所——按室内空间功能环境的要求与建筑物和周围环境相协调；

经济投入——按相应工程项目的总投资和单方造价标准把握经济投入。

同时，设计构思时，需要运用物质技术手段，即各类装饰材料和设施设备等，还要遵循建筑美学原理。室内设计除了有与绘画、雕塑等艺术之间共同的美学法则(如对称、均衡、比例、节奏等)之外，更需要综合考虑使用功能、结构、施工、材料、设备、造价标准等多种因素。

实质上，"室内设计"是"科学、艺术和生活所结合而成的一个完美整体"。在现代科学、现代美学和现代生活的共同激励下，它已经发展成为最能显示现代文明生活的环境创造活动。对于个人和家庭来说，它是体现了主人生活和处理环境的基本修养；对于职业性的专家来说，它是建设环境和创造文明的有效方法。换句话说，室内设计是一种透过空间塑造方式以提高生活境界和文明水准的智慧表现，它的最高理想在于增进人类生活的幸福和提高人类生命的价值。

二、室内设计、室内装饰、室内装潢、室内装修的定义与不同的内涵

目前，人们对室内设计、室内装饰、室内装潢、室内装修这几个词的认识是不尽相同的，尤其是从不同的位置和不同的角度，对它们内在含义的理解，也存在着某些偏差。对它们的工作性质、工作目标、工作范围及工作内容等等，不甚了解。因此，这里特作说明：

1.室内设计

我国的大百科全书"建筑·园林·城市规划卷"中把室内设计定义为："建筑设计的组成部分，旨在创造合理、舒适、优美的室内环境，以满足使用和审美的要求。室内设计的主要内容包括：建筑平面设计和空间组织；围护结构内表面（墙面、地面、顶棚、门和窗等）的处理；自然光和照明的运用；室内家具、灯具、陈设的选型和布置。此外，还有植物、摆设和用具等的配置。"

从室内设计的定义看，它包含了四个方面：

（1）室内功能空间的设计。对室内的平面布置、空间组织、界面构图等进行设计。

（2）室内装饰及陈设艺术设计。对室内地面、墙面、顶棚等界面的装饰处理；对家具、灯具、陈设及其他物品的选用与配置。

（3）室内空间界面的装修设计。对室内各个界面、门、窗、隔断等方面，装饰材料的运用、施工工艺与制作等，着重于工程技术。

（4）室内环境设计。对声、光、热等室内物理环境，对室内气氛、意境等心理环境，对文化内涵(民族特征和区域特征)等文化环境方面的处理与设计。

2.室内装饰

室内装饰是指建筑内部固定的表面装饰和可以

移动的布置所共同创造的整体视觉效果，例如：门窗、墙壁、天花板等固定装饰和家具、帘幔、地毯、灯饰、器皿等可移动的布置和装饰。

"室内装饰"(Interior Decoration)是西方设计历史上长期所沿用的名词。室内装饰的范畴比室内装潢大，它不仅包含室内装潢的全部内容，而且还包括室内可移动物体的布置(如家具、陈设物件等)，不仅有视觉艺术上的要求，而且还有使用功能合理性的要求。换句话说，传统的"室内装饰"在实际上包括两个主要的部分：其中一个部分是指门窗、墙壁和顶棚等建筑细部的固定装饰；另外一个部分则是指家具、帘幔、地毯和器皿等可以移动的布置。

3.室内装潢

装潢原义是指"器物或商品外表"的"修饰"。室内装潢是由古典建筑中的装潢艺术传承下来，专指室内各固定界面上的造型、色彩、图案雕刻、肌理效果等方面的艺术处理，着重于从视觉艺术的角度来探讨和研究室内环境各界面的表面艺术效果。例如对室内地面、墙面、顶棚等各界面的艺术处理，装饰材料的选用，也包括对家具、灯具、陈设及其他物品的选用、配置等。现在，"室内装潢"(Interior Ornament)已成为我国时下室内装饰行业中约定俗成的名词。

4.室内装修

室内装修着重工程技术、施工工艺和构造做法等方面的内容。主要指土建工程施工完成后对室内各个界面、门窗、隔断等最终的装修工程。室内装修是室内设计立意构思的体现，室内装修所选择的材质、色彩、表面效果是由室内设计师所决定的。

综上所述，随着社会的发展，人们对室内生活质量要求的提高，室内装饰、室内装潢以及室内装修等，它们的内涵已不能满足现代人的要求了。人们对室内空间环境的要求，既要包含视觉艺术(室内装饰或室内装潢)的内容，也要涉及工程技术(室内装修)的要求，还要包括对室内空间物理环境(环境科学)以及对社会、经济、文化环境(人文科学)等方面综合因素的考虑。因此，室内设计一词就出现了，它是根据现代人们使用空间内容的需要而产生的，它代替了以前人们所使用的室内装饰、室内装潢及室内装修等。从内容上看，室内设计一词的含义远比室内装饰、室内装潢、室内装修等要广泛得多。

第二节　室内设计的职业特征

按国家职业标准，由中华人民共和国劳动和社会保障部制定的《室内装饰设计员国家职业标准》中有这样的描述：

一、职业概况

1.职业名称　室内装饰设计员。

2.职业定义　运用物质技术和艺术手段，对建筑物及飞机、车、船等内部空间进行室内环境设计的专业人员。

3.职业等级　本职业共设三个等级，分别为：室内装饰设计员(国家职业资格三级)、室内装饰设计师(国家职业资格二级)、高级室内装饰设计师(国家职业资格一级)。

4.职业环境　室内，常温，无尘。

5.职业能力特征（表1）。

6.基本文化程度　大专毕业(或同等学力)。

表1 职业能力特征

	非常重要	重　要	一　般
学习能力	✓		
表达能力		✓	
计算能力		✓	
空 间 感	✓		
形体能力	✓		
色　觉	✓		
手指灵活性			✓

二、职业道德

1.职业道德基本知识

2.职业守则

（1）遵纪守法，服务人民。

（2）严格自律，敬业诚信。

（3）锐意进取，勇于创新。

3.基础知识

（1）中外建筑、室内装饰基础知识。

（2）艺术设计基础知识。

（3）人体工程学的基础知识。

（4）绘图基础知识。

（5）应用文写作基础知识。

（6）计算机辅助设计基础知识。

（7）相关法律、法规知识。

三、工作要求

本标准对室内装饰设计员、室内装饰设计师和高级室内装饰设计师的技能要求依次递进，高级别包括低级别的要求（表2~4）。

表2 室内装饰设计员

职业功能	工作内容	技能要求	相关知识
设计准备	项目功能分析	1.能够完成项目所在地域的人文环境调研 2.能够完成设计项目的现场勘测 3.能够基本掌握业主的构想和要求	1.民俗历史文化知识 2.现场勘测知识 3.建筑、装饰材料和结构知识
	项目设计草案	能够根据设计任务书的要求完成设计草案	1.设计程序知识 2.书写表达知识
设计表达	方案设计	1.能够根据功能要求完成平面设计 2.能够将设计构思绘制成三维空间透视图 3.能够为用户讲解设计方案	1.室内制图知识 2.空间造型知识 3.手绘透视图方法
	方案深化设计	1.能够合理选用装修材料，并确定色彩与照明方式 2.能够进行室内各界、门窗：家具、灯具、绿化、织物的选型 3.能够与建筑、结构、设备等相关专业配合协调	1.装修工艺知识 2.家具与灯具知识 3.色彩与照明知识 4.环境绿化知识
	细部构造设计与施工图绘制	1.能够完成装修的细部设计 2.能够按照专业制图规范绘制施工图	1.装修构造知识 2.建筑设备知识 3.施工图绘图知识
设计实施	施工技术工作	1.能够完成材料的选样 2.能够对施工质量进行有效的检查	1.材料的品种、规格、质量校验知识 2.施工规范知识 3.施工质量标准与检验知识
	竣工技术工作	1.能够协助项目负责人完成设计项目的竣工验收 2.能够根据设计变更协助绘制竣工图	1.验收标准知识 2.现场实测知识 3.竣工图绘制知识

表 3 室内装饰设计师

职业功能	工作内容	技能要求	相关知识
设计创意	设计构思	能够根据项目的功能要求和空间条件确定设计的主导方向	1. 功能分析常识 2. 人际沟通常识 3. 设计美学知识 4. 空间形态构成知识 5. 手绘表达方法
	功能定位	能够根据业主的使用要求对项目进行准确的功能定位	
	创意草图	能够绘制创意草图	
	设计方案	1. 能够完成平面功能分区、交通组织、景观和陈设布置图 2. 能够编制整体的设计创意文案	1. 方案设计知识 2. 设计文案编辑知识
设计表达	综合表达	1. 能够运用多种媒体全面地表达设计意图 2. 能够独立编制系统的设计文件	1. 多种媒体表达方法 2. 设计意图表现方法 3. 室内设计规范与标准知识
	施工图绘制与审核	1. 能够完成施工图的绘制与审核 2. 能够根据审核中出现的问题提出合理的修改方案	1. 室内设计施工图知识 2. 施工图审核知识 3. 各类装饰构造知识
设计实施	设计与施工的指导	能够完成施工现场的设计技术指导	1. 设计施工技术指导知识 2. 技术档案管理知识
	竣工与验收	1. 能够完成施工项目的竣工验收 2. 能够根据设计变更完成施工项目的竣工验收	
设计管理	设计指导	1. 能够指导室内装饰设计员的设计工作 2. 能够对室内装饰设计员进行技能培训	专业指导与培训知识

表4 高级室内装饰设计师

职业功能	工作内容	技能要求	相关知识
设计定位	设计系统 总体规划	1．能够完成大型项目的总体规划设计 2．能够控制复杂项目的全部设计程序	1．总体规划设计知识 2．设计程序知识
设计创意	总体构思创意	1．能够提出系统空间形象创意 2．能够提出使用功能调控方案	创意思维与设计方法
设计表达	总体规划设计	1．能够运用各类设计手段进行总体规划设计 2．能够准确运用各类技术标准进行设计	建筑规范与标准知识
设计管理	组织协调	1．能够合理组织相关设计人员完成综合性设计项目 2．能够在设计过程中与业主、建筑设计方、施工单位进行总体协调	1．管理知识 2．公共关系知识
	设计指导	能够对设计员、设计师的设计工作进行指导	室内设计指导理论知识
	总体技术审核	能够运用技术规范进行各类设计审核	1．专业技术规范知识 2．专业技术审核知识
	设计培训	能够对设计员、设计师进行技能培训	1．教育学的相关知识 2．心理学的相关知识
	监督审查	1．能够完成各等级设计方案可行性的技术审查 2．能够对设计员、设计师所作设计进行全面监督、审核 3．能够对整个室内设计项目全面负责	1．技术监督知识 2．项目主持人相关知识

四、室内设计师的工作方式

室内设计师职业有很多工作方式。最常见的方式有以下几种。

1.做室内设计工作

在建筑与室内设计单位，或在建筑与室内装饰装修公司等单位，专门做室内设计工作。作为室内设计师只接受设计使用单位（工程甲方）或使用业主的设计委托，不涉及工程项目的施工、管理等方面的工作。这种工作方式要求室内设计师很好地与客户沟通，了解使用单位（工程甲方）或使用业主的功能要求，设计出满足客户精神与使用需要的、舒适的室内空间，设计的每个细节都要用设计图纸表达清楚。

2.做室内设计并指导工程施工

这种工作方式把室内设计与装饰装修工程的施工联系在一体。一般来说，这是室内设计师乐于接受的一种工作方式。它有利于保障室内设计工作的顺利实施，能够达到室内设计师的理想效果。但是，这种方式要求室内设计师要有一定的室内设计与装饰装修工程的实践经历。而且，室内设计师在整个装饰装修工程施工阶段也要投入相当的精力与时间。

3.做室内设计师兼设计管理工作

在室内设计或装饰装修公司，总设计师（资深室内设计师）的地位和作用是十分突出的。有时总设计师可以是设计总监（设计团队的负责人），也可以是设计工程的项目经理，他不但要负责整体的室内设计，还要保证整个设计工程的高质量完成。从预算员、材料员至各工种的施工人员，都要服从总设计师的领导。这种工作方式现在已被很多的室内设计或装饰装修公司所采用。

五、室内设计师的工作和内容

1.承接设计课题任务、分析客户需求

达成设计意向，签订设计合同，收取定金。从功能、经济、美学等方面分析客户需求，制作客户基本情况分析表和需求表。

2.进行初步设计

提出符合客户需求的设计理念、功能安排、风格构思、主材、家具、设备选择、造价水平等建议；制作平面图，主要部位效果图，材料推荐表，设备、家具推荐表，征求客户意见。

3.与客户交流

与客户就有关室内设计的相关事宜达成共识，确定功能空间的布置、设计风格、主材、设备、家具及造价的范围等，并请客户签字确认。

4.深入设计

制作装修施工图、水电施工图、设计说明等，专项设计要与专门的技术人员配合。制作设计文本，提交客户确认全部设计文件，交付设计，收取设计费。

5.后期服务、施工指导

向客户和施工负责人进行设计技术交底，解答客户和施工人员的疑问。有分项技术交底、各工种放样确认、各工种框架确认、饰面收口确认、设备安装确认等。

6.参与验收

参与项目的分项验收和综合验收。

7.后期配饰指导、交付使用

后期配饰如家具、织物、植物、艺术品选购及摆放指导。提交竣工图、收取后期服务费、竣工后成果摄影、工作总结。

六、室内设计专业与国家职业资格证书要求的对应关系

室内设计专业是目前专业高等院校（包括职业院校）的专业设置名称，是符合国家教育部专业目录要求的。而室内装饰设计是国家劳动部下设的一种职业岗位名称。它们在内涵上没有本质上的差异，只是从不同的工作角度与工作层面用不同的称谓而已。从专业学术上讲，室内设计包含了室内装饰设计的内容，而从具体的工作层面上讲，室内装饰设计是室内设计总体的一部分。

第2章

室内设计专业与职业岗位的对应关系

第一节　室内设计专业的培养目标

教育作为一种有意识的培养人的社会活动，不仅仅给受教育者传授一些知识，形成某些能力，更重要的是培养受教育者以良好的综合素质。一个专业培养目标实现的过程，实际上是学生掌握知识的过程、形成能力的过程、养成素质的过程。知识、能力、素质是专业培养目标的构成要素。

室内设计专业从适应社会发展的需要出发，培养学生德、智、体、美、劳全面发展，牢固掌握必需的科学文化知识和室内空间环境、艺术造型（含家具、陈设、灯具等）的设计理论及设计方法，使之有较强设计表现和实践能力，成为室内装饰装修行业需要的、具有扎实的专业基础知识和较强的设计适应能力的，并具备鲜明职业特点的应用型高等职业技术人才（即以培养室内设计师为主，兼顾装饰装修工程预算、质量管理及项目经理等方面的人才）。

该专业学生的就业方向：学生毕业后可在室内装饰装修公司、房地产公司、住宅公司、设计事务公司做工程设计、施工预算、工程质量管理等工作；也可继续深造或自主创办、经营公司等。

室内设计专业是技术与艺术相结合的综合性学科，这就决定了设计师的专业知识必须是多方面的。

因此，有志于室内设计专业的学子，通过高职学院系统的教育，掌握一定的室内设计理论知识，有较强的设计能力和表现能力；其设计内容既要安全、实用、美观，又要有生态环保意识；懂得室内艺术设计

装修工程预算；有施工质量管理等方面的实际工作经验；有社会责任感和公共意识，能更好地思考如何通过设计活动取得良好的社会效益和经济效益，设计出让使用者满意的空间环境。这个目标既是室内设计专业教育的培养目标，也是符合当今的高职教育要求的培养目标。

第二节　室内设计专业的知识结构

知识是指人类在改造世界的实践中所获得的认知经验的总和。知识结构就是人类知识内化到个体头脑中所形成的类别、数量、质量及相互联系。合理的知识结构是综合素质形成的第一个过程，是良好的综合素质的基础。高等职业教育室内设计专业的合理的知识结构，应满足现代社会装饰装修行业对室内设计技术应用型人才的需要，体现出高等职业教育的特点。这个结构主要由科学文化知识和专业技术知识合理结合而成。

一、科学文化知识

科学文化知识的范围广泛而丰富，涉及的学科门类很多，包括人文、社会科学基础知识，自然科学基础知识及方法论知识，其中有的与专业有关，有的与专业无直接关系。它们是形成学生合理的知识结构及良好的科学文化素养必不可少的组成部分。

人文、社会科学基础知识包括哲学、政治学、经济学、法学、历史和文学艺术等学科的知识。它们是形成学生良好的政治思想素质和人文素质的知识基

础。虽然由于精力所限,学生对各个学科的知识不可能全面掌握,但对其基本概念、基本原理及基本方法应有所了解。这是陶冶性情、提升文化品位的需要,也是促进受教育者德、智、体全面发展所应具备的精神资源。

自然科学基础知识主要是指数学、物理、化学等基础学科在高等教育阶段的基本概念和基本知识。它对于学生深刻领会专业知识、掌握专业技能起着基础性的作用。

自然科学、社会科学在其发展过程中,一方面形成了各门学科的"实体性"知识;另一方面也抽象和概括出分析解决问题的方法论知识。方法论知识有助于培养跨学科移植概念和方法的能力及创造性地解决问题的能力。随着科学技术的发展,知识更新越来越快,人们迫切需要一种查询、检索、储存、调用知识的有效方法。掌握方法论知识也是培养学生的综合素质、促进学生全面发展的要求。

二、室内设计专业的学习内容

(一)课程设置

由于室内设计包括的内容十分广泛,专业的发展又十分迅速,以及各个国家、地区的社会经济、文化、科技等发展不同,因此,室内设计的教学体系在不同的国家、地区、学校呈现出各种模式。我们根据室内设计专业发展的客观规律和新形势,以"优化基础、注重素质、强化应用、突出能力"为指导思想,力求课程设置符合室内专业培养目标的层次结构、专业特点、知识能力和素质结构,保证培养目标的实现。我们还注意以突出应用性、实践性的原则重组课程结构,更新教学内容,使之适应科学技术发展和生产力的现实水平,并注重人文科学与技术教育相结合。基础理论教学不片面追求学科理论的系统性、完整性,而强调以必需、够用为度。鼓励学生独立思考,培养学生的科学精神和创新意识。在保证知识"必需"、"够用"的前提下,使教材知识面纵向有深度、横向有宽度,尽量把最新的知识点融入其中,注重知识的新颖性和多面性,突出知识的实用性,力求内容精练,图文并茂,通俗易懂,并通过案例讲解,有的放矢地加以说明。

从整体情况来看当代的室内设计教育,理性的设计方法思维训练,远远高于表现方法的技巧训练。

因此,设计理论、设计表现、设计思维三大类课程构成了室内设计系统教学的科学体系。

设计理论类:课程包括中外建筑史、美术史、工艺美术史、室内设计原理,以及相关的建筑、艺术设计类理论等内容。

设计表现类:课程包括美术基础、摄影基础、工程制图、手绘透视效果图、计算机模拟效果图、模型制作等内容。

设计思维类:课程包括室内专题设计、室内装饰与陈设设计、家具设计、采光与照明设计、景观与绿化设计、展示设计等内容。

室内设计专业教学的三大类课程是一个完整的教学系统。在这个系统中除了设计理论类课程在课堂讲授上占有相当比例外,其他的课程教学更为重视课题设计过程中的设计思维指导。大量的设计课题作业练习,远远多于机械的讲授。教师的启发式教学和学生之间群体促进式的学习氛围在这个系统中显得格外重要。构造、材料、设备等技术性较强的专业内容,一般要结合设计的课程组织教学。

(二)主要课程内容

下面是室内设计专业教学体系中主要课程内容的授课教学大纲,可供室内设计专业教学参考。

1.设计理论类课程

(1)中外建筑史

教学目的:通过对古今中外不同时代建筑艺术成就的系统介绍,培养学生初步具备历史与理论方面的基础知识,了解历代建筑风格,把握正确的审美观点,认识建筑与自然、社会生活的关系,提高学生的建筑文化修养,树立设计的整体环境意识。

教学内容:绪论,外国古代建筑,中国古代建筑,近、现代建筑。

教学要求:作为专业理论课,以讲授与多媒体并行教学。要求学生按教师所布置的必读书目和参考书目进行认真阅读,并写出与课题有关的读书笔记、分析评论等。此类文章作为本课程评定成绩的主要依据。

(2)室内设计理论

教学目的:通过室内设计基础理论的讲授与形象资料的观摩,让学生掌握室内设计的基本理论框架,建立正确的设计观,对室内设计概念、历史发展概况及风格样式、流派有基本的了解,以及对于室内设计程序中的空间设计、装饰设计、装修设计等有较明确的认识和理解。侧重于如何发现问题、分析问题，并以恰当的手段解决问题的科学方法，加强综合能力的培养。

教学内容：室内设计概论、室内功能空间设计、人体工程学，以及室内设计、室内色彩设计、室内采光与照明设计、室内设计的应用材料知识、室内绿化设计、环境心理学、行为学等。

教学要求：要求学生了解室内设计的基本概念和原理，从理论上明确室内设计的基本要求与方法；明确不同风格、流派、样式之间的关系与差别，通过调研写出专题评论文章。

2. 设计表现类课程

（1）专业制图

教学目的：专业制图是指符合室内设计专业使用的国家制图标准。通过专业制图的学习，学生进一步明确投影理论的应用及空间概念的确立；培养学生的空间想象力，通过专业制图课的作业训练，掌握基本的专业制图技能，进而为绘制室内设计方案、施工图纸，进行专业设计奠定基础。通过专业制图教学，树立学生严谨、细致的设计工作作风和具有严肃认真的工作态度。

教学内容：正投影制图的基本概念及绘制方法，室内和家具设计制图的规范及绘制方法，专业设计方案图及施工图的绘制。

教学要求：要求学生树立明确的正投影概念；掌握扎实的制图基本功，包括绘图工具的正确使用，图线、图形、图标、字体的正确绘制；通过测绘的手段，要求学生掌握正确的制图绘制程序与方法；掌握专业设计方案及施工图的绘制方法。

（2）专业设计表现技法

教学目的：通过表现技法课的绘画教学，掌握以素描、色彩为基本要素的具有一定程式化技法的专业绘画技能；通过对室内设计资料的收集、临摹与整理，用专业绘画的手段，初步了解与专业相关的知识并掌握相应的表达能力；通过绘制透视效果图验证自己的设计构思，从而提高专业设计的能力与水平；从专业绘画的角度，加深对空间整体概念及色彩搭配的理解，提高全面的艺术修养。

教学内容：从结构素描、景观速写、归纳色彩写生，到室内设计工程图和轴测图、室内透视效果图等多种表现技法。包括形体塑造、空间表现、质感表现的程式化技法，绘制程序与工具应用的技巧。包括多种工具的使用，细腻精致的艺术表现技巧；快速简练的表现手法。

教学要求：通过结构素描、景观速写、归纳风景写生练习的方法，掌握表现图的绘画基础。从准确的透视、严谨的构图、整体统一的色彩关系入手，创作建筑、室内景观、环境绿化、照明等题材的表现图作品，掌握多种类的表现图绘制技巧。

（3）计算机辅助设计与绘图

教学目的：学生在掌握计算机基本知识，学会使用计算机专业绘图设计软件(如ＡＵＴＯＣＡＤ、3DMAX、PHOTOSHOP、LIGHTSCAPE等)的基础上，能够举一反三地学习掌握使用其他陌生软件的方法。通过实际操作练习，学生的计算机辅助设计的应用能力达到一定水平，设计思维能力有很大提高。

教学内容：讲解ＡＵＴＯＣＡＤ、3DMAX、PHOTOSHOP、LIGHTSCAPE等系列软件的详细绘图功能；重点讲授一个专业设计或绘图软件系统（根据当时的社会应用情况决定）；上机操作练习与规范。

教学要求：学会使用计算机及其外部设备(打印机、扫描仪、绘图仪等)；完全掌握ＡＵＴＯＣＡＤ、3DMAX、LIGHTSCAPE、PHOTOSHOP等系列软件的操作；能够通过一个软件的学习，举一反三学会自学其他软件。

3. 设计思维类课程

（1）室内专题设计

教学目的：培养设计者树立正确的设计思想，具备理论联系实际的能力和创新精神；掌握室内空间环境设计的基本规律，掌握利用设计草图和正式图纸来表达设计思想和理念；了解和掌握室内空间环境的构成要素及其相互关系，营造主题空间；了解、认识常用的装修材料及构造做法。

通过室内专题设计的指导，使学生掌握室内设计程序全过程，重点培养学生把握室内空间环境整体设计的能力以及体验在该室内空间整体设计时各个阶段的过程。

教学内容：家居空间室内设计、餐饮空间室内设计、酒店空间室内设计、歌舞厅室内设计、办公空间室内设计等。

教学要求：通过设计作业练习，掌握室内空间造型、室内装修设计、陈设艺术设计、室内绿化设计、室内采光与照明设计的基本方法。从物理心理环境因素出发，综合考虑空间视觉形象审美，并通过各类表现技法的实际运用，掌握室内设计要领、室内设计程序，逐步获得从室内空间整体出发的综合设计能力。

我们所指的室内环境不仅仅是物质上的硬环境，同时还包括了文化精神层面上的软环境。任何一种物质形态的室内设计都有其特殊的文化背景及内涵，室内设计师只有不断地提高自身的理论文化素养，才能看到物质形态背后的东西，才能对一个设计项目有全面、深刻的认识。一切优秀的室内设计作品都不仅仅是简单地对各种物质形态进行肤浅的组合，同时还要反映物质组合背后的时代观念、审美趣味、文化认同等深层次的意识。只有这样才可能创作出高品位的设计作品，从而避免盲目的抄袭。

理论可以启发设计师的思考，在思考中撞击出灵感的火花，提炼出有个性的设计语言，形成设计师自己的观点，总结设计的成败得失。总之，学好专业理论不仅可用于指导设计实践，还可以使设计师的思想不断得到升华，不断进步，不断开拓自己的设计思路。

第三节 室内设计专业的基本素质与能力

一、基本素质与能力

室内设计专业的学生不仅应具有一定的专业知识技能，还必须具有良好的政治素质、道德品质。因此，本专业还开设了毛泽东思想概论、思想品德与法律基础、邓小平理论与"三个代表"重要思想、英语、数学、大学语文、设计史、体育、军事理论、心理健康、就业指导和择业技巧等课程。目的是使学生具有以下方面的知识、能力和素质：

1.懂得马列主义、毛泽东思想、邓小平理论的基本原理，具有较为扎实的人文社会科学基础知识、自然科学基础知识及艺术表现能力和外语运用能力。

2.具有良好的行为规范、职业道德和法律观念，具有相当敏锐的观察与调查研究的能力。

3.具有综合写作能力、构思表述能力和分析判断能力。要求学生应具有形象的观察、分析、判断能力以及方案的鉴别能力。应具备语言表达能力、文字表达能力、图纸表现能力、模型制作能力、计算机运用能力等，这是适应市场竞争的必要条件。

4.具有对外联络与综合协调能力。艺术设计是一项系统的多工种相配合的工作，所以设计师应具备良好的职业品质、人格魅力和协调能力。

5.具有较强的自学能力、创新意识和较高的综合素质。

6.具有良好的身体素质。

二、职业素质与能力

一直以来，社会对人才的需求定位为学历型人才。然而，随着市场经济的完善，企业对人才需求的定位逐渐趋于理性化，在重学历的同时，更注重人才的能力。目前的各类资格证书热，在一定程度上反映了这一用人思路的变化。针对这一趋势，室内设计专业将培养学生符合国家职业资格证书要求的实际动手能力作为重点。并将这种能力培养模块化，如分为室内装饰装修设计的基本技能、装饰装修工艺技能、装饰装修技术技能、装饰装修工程与预算以及装饰装修工程施工管理等模块，与社会上装饰装修行业的用人岗位相吻合。

为了使毕业生走出校门，不必再培训就能上岗，室内设计专业将学生能力培养和行业准入条件与国家职业资格考试结合起来，使学生毕业时既取得毕业证书，又取得行业资格证书，真正为社会输送无需再培训即可直接上岗的熟练技术人才。

概括来说，学生应具备以下的职业素质：

1.具有良好的行为规范，爱国、爱岗、敬业精神，良好的职业道德和法律观念。

2.具备室内设计公司或装饰装修企业室内设计员（设计师）所具有的室内设计能力与素质。

3.珍惜国家资金、能源、材料设备，力求取得更大的经济、社会和环境效益。

4.树立质量第一观念，遵守各项设计标准、规范、规程，防止重产值、轻质量的倾向，确保公众人身及财产安全，对工程质量负责到底。

5.努力钻研科学技术，不断采用新技术、新工艺，推动行业技术进步。

6.信守设计合同，以高速、优质的服务，为行业赢得信誉。

7.搞好团结协作，树立集体观念，具有良好的团队精神。

8.注意把设计理论与实际很好地结合起来，发挥自己可持续发展的潜能。

第**3**章

室内设计实训课程的教与学

第一节　实训课程的性质和任务

实训课程是学生在高职教育专业学习阶段重要的实践性教学环节之一。尤其是室内设计专业，有不同的专题设计课实训，例如，（1）住宅室内设计：公寓、别墅等；（2）公共空间室内设计：办公空间、餐饮空间、专卖店空间、展示空间等。

学生通过实训不仅掌握室内设计专业的核心技术和技能，而且熟悉和了解与室内设计专业有关的技术和技能；加深对专业理论知识的理解，并能把所学的专业理论知识应用到实际设计当中；提高在设计实践过程中发现问题、分析问题、解决问题的能力和应变能力；增强对室内空间设计、装饰装修工程施工步骤以及与各工种等协调合作的了解，提高在设计过程中各个环节的组织能力和综合能力。

第二节　实训课程的教学目标

一、知识目标

理解、掌握、巩固所学室内设计的原理及相关艺术理论，了解室内设计的业务，熟悉室内设计的方法。

二、能力目标

加强专业设计技能训练，培养学生实际动手能力和操作能力，使学生能把自己的设计思想结合实际，用专业的设计语言表现出来。

三、德育目标

培养学生独立工作能力、与他人合作的团队精神和严谨认真的工作作风。

第三节　实训课程的设计内容与基本要求

一、实训内容按教学计划和教学大纲进行

以住宅室内设计为例：

1.课程名称：住宅室内空间设计

2.教学内容：

（1）住宅室内空间功能性与合理性的分析；

（2）住宅室内空间设计风格样式，包括住宅室内空间的色彩设计、住宅室内空间的照明方式设计、住宅室内空间的陈设设计、住宅室内空间的绿化处理；

（3）住宅室内空间组织及各界面的处理；

（4）施工现场、材料市场调研结果报告；

（5）设计效果图、设计工程图等；

（6）设计说明书。

二、基本要求

1.要求学生了解和掌握住宅室内空间设计的内涵及要点。运用室内设计原理及相关的艺术理论并联系实际，设计出满足使用者物质功能和精神功能需要的室内空间。学会在工程施工中合理选择材料、使用和搭配，并能科学计算、科学管理，以便在实际工作中得以体现，并加以创造性的应用。

2．要求学生对起居室、客厅、卧室、书房、厨房、餐厅、卫生间等功能空间的设计内容、风格、使用方式及室内空间形态的设计与处理等，有一定的了解和认识，并能结合相关课程的知识，在住宅室内空间设计方面有所创新。

3．要求学生对装饰装修材料市场的调研以及对装饰装修工程施工步骤及与各工种等协调合作的了解，提高学生在设计过程中各个环节的组织能力和综合能力，使其不但具备相应的设计水平，而且也有一定的工程施工监理及工程预算的能力。

第四节　实训课程的教学模式与教学方法

实训课就是要按照教学要求，在真实或仿真模拟的现场操作环境中，培养学生的实际工作能力和创造能力。实训教学是使学生主动参与教学过程的比较好的教学方式，它可以启发学生发散思维，让学生积极、主动地进行学习。

因此，要充分调动学生的积极性，充分发挥学生的主体作用，强调动手能力，手脑并用，知行结合，让学生体验到亲身参与掌握知识、进行设计的全过程的情感，唤起学生对知识产生兴趣，激发学生对知识、技能的主动追求。

为适应高等职业技术教育新的教学模式，走与国际职业教育接轨的道路，在教学方法上，要以"优化基础、注重素质、强化应用、突出能力"为指导思想，以突出专业特色、培养职业能力为宗旨，不断提高室内设计专业与社会职业岗位需要的融合度。在此基础上继续进行课程整合，科学安排授课课时，增加专业设计思想培养和表达的课程。推行模块教学、案例教学、实训基地现场教学等多种实训教学方法，广泛采用多媒体教学与计算机辅助教学等手段。有些专业课，可直接聘请具有丰富实践经验的工程技术人员给学生上实训课，带领学生到装饰装修施工现场进行实际参观讲解。让学生与实际有近距离的接触，感悟室内设计专业的设计思想和设计技术的内涵，体验企业工作人员的工作状态，为进一步的学习和今后的工作打下比较坚实的实践基础。

实训课程的教学模式按室内设计师（或模拟室内设计师）的工作方法进行。

由教师联系设计案例（或给定设计题目），具体步骤（或模拟步骤）为：

1．目标提出
教师说明本次实训的目的意义、所需工具、材料，提出现场实践的具体要求，强调操作注意事项等。

2．学生训练
学生根据教师给定的课题、具体要求及注意事项，分组或单独进行实训，完成实训目标。

3．实训步骤（选定设计主题）
（1）进行设计构思：认真细致地从使用功能、经济条件、室内空间的风格和气氛等方面分析客户的需求，制作客户基本情况分析表和需求表；

（2）考察调研：主要装饰装修材料、辅助材料、设备选择、造价水平等；

（3）设计分析：确定符合客户需求的设计理念、功能安排、设计风格、主要装饰装修材料、辅助材料、设备选择及造价表等；

（4）设计表现：制作平面图、主要部位效果图、制作装修施工图、水电施工图等；

（5）设计配饰：家具、织物、植物、艺术品选购及摆放指导；

（6）设计说明：制作设计说明文本，工作总结。

4．学生演示讲解设计案例
学生根据实训的要求，把所学基本理论知识及实训体验、实训设计方案成果进行课堂演示。

5．学生讨论
教师选定具有代表性的学生实训方案成果，请学生上台演讲。台下同学针对演示方案发表自己见解，与台上同学进行交流。

6．教师点评并归纳总结
教师根据学生演示及同学交流情况，引导学生归纳总结出比较规范的符合实训（实际职业岗位）的工作步骤及注意事项。

7．活动延伸
教师根据本次实训情况，启发学生在课后继续思考和研究本次实训的课题、整体与细节、成功与不足等方面，认真总结，以利再战。让学生真正做到对专业技能的全面掌握，并能符合职业技能鉴定标准的要求。

第4章

室内设计概述

第一节　室内设计的内容与分类

一、室内设计的内容

从室内设计的含义上讲，室内设计亦可称室内环境设计。它是一项比较复杂的系统工程，概括起来它包含了四个大方面的内容。

1.室内功能空间的设计

根据建筑的性质和所提供室内空间的使用要求，在保障人们安全健康和使用功能的前提下，对空间的诸要素进行合理的处理，确定空间的形态和序列，安排各个空间的衔接、过渡和分隔等问题。同时，对室内空间进行多种手法的艺术处理，创造出能够满足人们物质功能和精神功能要求的充满文化生活气息的美观实用的室内环境。

2.室内装饰及陈设艺术设计

对室内地面、墙面、顶棚等界面的处理及装饰材料的运用，对室内的色彩设计、照明设计和室内庭院绿化的设计，山石水体的选用及对室内家具、设备、装饰品、织物、陈设艺术品等方面其他物品的选用、设计和处理。

3.室内空间界面的装修设计

室内空间界面的装修设计主要是根据空间设计的要求，对室内空间的围护界面，即对墙面、地面、天花等进行处理，包括对分隔空间的实体、半实体的处理，对建筑局部、建筑构件造型、纹样、色彩、肌理和质感的处理。

4.室内环境设计

对室内的气候、采暖、通风、干湿调节等方面的设计处理，对声、光、热等物理环境，对氛围、意境等心理环境，对文化内涵(民族特征和区域特征)等文化环境方面的处理与设计。

这四个方面是室内设计的主要组合因素，在设计上缺一不可，每一个因素都彼此相关；在设计的思考上必须每个因素逐一思考，并进行综合协调，才能达到室内设计的完美境界。

室内设计需要考虑的方面，随着社会的发展和科技的进步，还会有许多新的内容。对于从事室内设计的人员来说，虽然不可能对所有涉及的内容全部掌握，但是根据不同功能的室内空间，也应尽可能熟悉相应有关的基本内容，了解与该室内设计项目关系密切、影响比较大的环境因素，在设计时能主动和自觉地考虑诸方面因素，并与有关工种专业人员相互协调、密切配合，有效地提高室内空间环境设计的内在质量。

二、室内设计的分类

概括的讲，室内设计一般可以分为三大类。

1.人居环境室内设计

包括集合式住宅、公寓式住宅、别墅式住宅、院落式住宅等。

2.限定性公共室内设计

包括学校、幼儿园、办公楼、工业建筑、农业建筑及特殊功能建筑等。

3.非限定性公共室内设计

包括旅馆饭店、影剧院、娱乐厅、展览馆、图书馆、体育馆、火车站、航站楼、商店以及综合商业设施等。

很明显的,住宅室内的唯一对象是家庭的居住空间,无论是独户住宅和集建公寓皆归属在这个范畴之中。由于家庭是社会结构的一个基本单元,而且家庭生活具有特殊的性质和不同的需要,因而住宅室内设计成为一种专门性的领域。它的主要目的是解答家庭生活问题,为每个家庭塑造理想的生活环境。公共室内是一个含义非常广的名词,它泛指除了住宅以外的所有建筑物内部空间,如商业建筑室内空间、办公建筑室内空间、餐饮建筑室内空间,乃至于旅游和娱乐性建筑室内空间等。实际上,各种公共室内的形态不同、性质各异,室内设计时必须分别给予其充分的机能和适宜的形式,才能满足个别的需要并发挥其特殊的效用。

各个不同类型的建筑中,还有一些使用功能相同的室内空间,例如门厅、过厅、电梯厅、中庭、盥洗间、浴厕,以及一般功能的门卫室、办公室、会议室、接待室等。在具体工程项目的设计任务中,这些室内空间的规模、标准和相应的使用要求会有不少差异,对此需要具体分析。

由于室内空间使用功能的性质和特点不同,各类建筑主要房间的室内设计对文化艺术和工艺过程等方面的要求,也各自有所侧重。例如,对纪念性建筑和宗教建筑等有特殊功能要求的主厅,其纪念性、艺术性、文化内涵等精神功能设计的要求就比较突出;而工业、农业等生产性建筑的车间和用房,对生产工艺流程以及室内物理环境(如温湿度、光照、设施、设备等)的设计要求较为严格。

室内空间环境按建筑类型及其功能的设计分类,其意义主要在于:设计者在接受室内设计任务时,首先应该明确所设计的室内空间的使用性质,也即是所谓设计的 "功能定位"。这是由于室内设计造型风格的确定、色彩和照明的考虑以及装饰材质的选用等,无不与所设计的室内空间的使用性质和设计对象的物质功能和精神功能紧密联系在一起。例如住宅建筑的室内,即使经济上有可能,也不适宜在造型、用色、用材方面使"居住装饰宾馆化"。因为住宅的居室和宾馆大堂、游乐场所之间的基本功能和要求的环境氛围是截然不同的。

第二节　室内设计的目的及作用

一、室内设计的目的

室内设计的目的是,根据人们的日常生活、学习和工作等方面要求,创造出舒适美好的、满足人们物质和精神生活需要的室内空间环境。

室内设计首先要保证人们在室内生存的最基本居住条件和物质生活、生产条件。在此基础上提高室内空间环境的精神品位,用有限的物资条件创造出无限的精神价值来。

从室内设计的目的,可见其作用主要表现在精神和功能两方面。"精神"在室内设计中是指人们在进入经过设计的室内空间时,在精神上得到心理和生理的满足及空间视觉的艺术享受。"功能"在室内设计中是指室内空间布局的合理性,要满足人们的使用要求。即以人为本,一切围绕着人们的需要。

二、室内设计的作用

通过室内设计师精心的设计,室内空间的作用是:

1.强化室内空间的性质。即将不同特征的空间设计成具有不同形式、尺度、比例和艺术效果的空间。

2.满足室内空间环境的物资功能需要,提供一个舒适的室内空间环境。

3.塑造室内空间环境的功能意识和气氛,使人们精神上得以满足。

4.弥补建筑结构空间的缺陷与不足,提高其使用功能。

5.对建筑主体结构起到一定的保护作用。

第三节　室内设计所必需的理论知识

从室内设计的内涵和定义以及室内设计的工作内容来看,要做好室内设计必需具备的理论知识。

一、室内空间设计理论及相关科学知识

1.室内空间设计

2.室内设计与人体工程学

3.室内设计与环境心理学、行为学

二、室内装饰设计及相关的艺术理论

1.室内装饰设计

　室内设计与美学法则

　室内设计与图案

　室内设计与构成艺术

2.室内色彩设计

3.室内设计与家具

4.室内设计与陈设（配饰）

三、室内装修设计的有关知识

1.室内装修的有关知识

2.室内装修与建筑结构

3.装饰材料的知识与应用

四、室内环境设计的有关知识

1.室内采光与照明设计

2.室内设计与室内绿化

3.室内设计与生态环境

以上这些室内设计理论知识构成现代室内设计的主要内容。每一方面都有各自的理论要素，相互之间都有着密切的关系。此外，室内设计还涉及建筑结构学、建筑材料学、环境物理学、雕塑、绘画、工业设计、环境艺术学、视觉传达设计、美学、生态学、市场学、创造学、技术学、室内声学、室内热工学、市场调查学、消费心理学以及计算机辅助设计等。

第四节　室内设计师的培养

一、室内设计师

"室内设计师"作为一种职业的概念是伴随着室内设计行业的产生和发展而逐步形成的。

如今，在一些发达国家，室内设计师已经与建筑师、工程师、医师、律师等一样成为一种职业。它专指接受过室内设计专业教育，具有室内设计的工作经历，掌握室内设计的技能和技巧，并通过了室内设计师职业考试的专业人员。

明确了室内设计的概念，对于室内设计师的含义就比较清楚了。担任过美国室内设计师协会主席的亚当（G. Adam）曾指出："室内设计师所涉及的工作要比单纯的装饰广泛得多，他们关心的范围已扩展到生活的每一方面，例如：住宅、办公、旅馆、餐厅的设计，提高劳动生产率，无障碍设计，编制防火规范和节能指标，提高医院、图书馆、学校和其他公共设施的使用效率。总而言之，给予各种处在室内环境中的人以舒适和安全。"

我们知道，室内设计专业是一个综合性、多学科交叉的边缘性学科。因此，它对室内设计师应具有的知识和素养提出了比较高的要求。归纳起来有以下几个方面：

1.建筑单体设计和环境总体设计的基本知识，特别是对建筑单体功能分析、平面布局、空间组织、形体设计的必要知识，具有对总体环境艺术、建筑艺术的理解和素养；

2.具有建筑结构与构造、施工技术与装饰材料和建筑、室内装修技术方面的必要知识；

3.具有对声、光、热等建筑物理，以及风、水、电等建筑设备的必要知识；

4.对一些学科，如人体工程学、环境心理学以及计算机技术等多方面的了解和掌握；

5.具有较好的艺术素养和设计表达能力，对历史传统、人文民俗、乡土风情等有一定的了解；

6.熟悉有关建筑和室内设计的规章和法规。

室内设计的工作性质决定了室内设计师职业修养的内容。室内空间是艺术化了的物质环境，设计这种空间环境必然要了解它作为物质产品的构成技术。同时也要懂得它作为空间艺术品的创作规律。不切实际的、无视构造技术的设计只能是纸上谈兵、墙上挂的空想图画。所以，室内设计师的大量工作以及与其相应的职业修养都应该集中到艺术与技术的结合点上来。

二、室内设计师的培养

从室内设计师的职业范围和工作内容，不难看出一名合格的室内设计师应具备多方面的学识、能力和修养。作为室内设计师还应具备多方面的专业或者说是职业素质。概括起来有如下方面：

1.艺术的感觉和创造力

"艺术"具有美学的含义，它是以表达人类情感为特征的审美活动。艺术作用于室内设计，体现为通过形、色、光、质等空间造型手段来营造一种能满足特定功能空间需要的精神氛围，以满足人们在这一空间活动中的审美需求。这就要求室内设计师能洞察人的心理，并能找到恰当的使人产生共鸣的表现形式将其表达出来，这就是室内设计师应具备的艺术素养。

设计也是一种创造性的劳动，创造力"是对已积累的知识和经验进行科学的加工和创造，产生新概念、新知识、新思想的能力"。因此，它是室内设计师应具备的最重要的专业素质之一。创造力的培养需要创造性的思维，创造性思维贯穿于整个艺术的感觉和创作过程中。它表现为改变对事物固有模式的看法，并将模式化的元素彻底分解，注入新的概念、认识和理念，引入新的价值观、审美观进行重组。创造性思维的培养需要不断接受新的观念，不断积累、不断学习和研究一切新的文化现象。这是作为一名室内设计师终生都要修炼的课程。

对艺术的领悟和感受，既来自先天条件，也来自于后天的环境和培养。学生在将自己塑造成为一名合格的室内设计师的过程中，要努力并善于吸取人类一切艺术成果如绘画、书法、雕塑、音乐、舞蹈等的丰富营养。德国伟大的文学家歌德就曾说"建筑是凝固的音乐"。现代建筑大师赖特不仅创造了大量的优秀建筑作品，同时还弹得一手好钢琴。他曾说，建筑师应懂得一门乐器的弹奏，这说明音乐对于建筑具有很好的启示作用。艺术设计师还须认真思考、总结艺术表现的规律性东西，并能将它们与本专业融会贯通，有机地结合起来，从而创造出有艺术感染力的室内空间环境。

2.科学的逻辑思维分析能力

室内设计是一门实用艺术，其艺术性必须是以满足使用功能为前提条件的。如果离开了空间功能使用上的合理性，艺术性就无从谈起。加之室内设计又是一门综合性学科，涉及建筑学、城市规划、结构工程、美学、环境物理、环境心理学等众多学科，设计师往往要在一个设计中解决关于空间、结构、材料、水电、通风、设备等一系列复杂问题。要将各种问题和矛盾协调平衡好，就必须严格按照科学的设计程序和方法，遵循科学的思考问题的方式，对各种问题进行分析、归纳、判断和推理。因此，室内设计师必须具有理性认识和理性思考能力——逻辑思维能力。艺术是感性的，而设计是理性的。设计的实质就是在限定中创造，设计是有前提条件的，并且最终要归属于这个前提条件来检验设计的成败。室内设计是"笼子"里的艺术，一个好的室内设计作品，是既合"情"又合"理"的设计。合"情"就是要感染人，与人的思想情感取得共鸣；合"理"即要在既定的限定条件下协调好各方面的关系。

3.广泛的兴趣爱好

室内设计的综合性决定了室内设计师应是一位兴趣广泛的多面手。室内设计师好比是电影的导演，他除了要对整个电影的艺术风格有总体的把握，还要能调动各方面的表现要素：演员表演、服装、道具、场景、台词、声音、画面、音乐等和一切技术手段来为电影主题服务。如果室内设计师对与空间艺术有关的各种媒介和手段有充分的认识和广泛的了解，那么就能够在设计实践中有更多的可供调动的空间表现方式，眼界也就更开阔，思路也会更敏捷，也就更容易产生出有创意的设计作品。广泛的兴趣爱好是一种积累，诗坛上讲"功夫在诗外"，绘画上讲"功夫在画外"，就是指除了掌握做诗、绘画的基本功以外，还要有广泛的积累，厚积才能薄发。中国古人讲"养兵千日，用兵一时"，也是这个道理。

纵观人类发展史和设计史，许多杰出的人物往往不仅在本专业内有所建树，而且在一些与本专业相关的学科里甚至在其他学科中都有骄人的成绩，如西方文艺复兴时期的巨匠达·芬奇不仅是一位杰出的画家，而且也是著名的科学家、工程师；米开朗琪罗不仅是一位杰出的雕塑家，同时还是杰出的画家和建筑师。西方现代主义建筑大师勒·柯布西耶不仅在建筑上卓有成绩，而且在年轻的时候就涉足绘画和雕塑领域，他的很多建筑作品都有如雕塑般的造型，艺术感染力极强。当代荷兰著名的建筑师雷姆·库哈斯，其建筑设计作品中夹杂着对众多当代文化观念的阐释，他喜欢用一些富有哲学意味的概念来解释他的建筑作品，并因此为他赢得了巨大的商业利益，这与他早年从事的文学写作不无关系。

事物与事物之间往往有许多相互关联的地方，在艺术领域里更是如此。作为室内设计师，除了要具有扎实的专业基础知识和熟练的专业技能以外，还应当有广泛的兴趣爱好，这是专业的学科特点所决定了的。

4.与他人团结协作的能力

设计不止是设计师的个人行为，也是设计师的社会行为，是为社会服务的。设计师必须注重社会伦理道德，树立高度的社会责任感。同时，设计还受到国家法律、法规的保护与约束。因此，设计师必须对部分法律、法规，尤其是与设计紧密相关的专利法、合同法、环境保护法和标准化规定等有相应的了解并切实地遵守。既要维护自己的权益，也要避免侵害他人与社会的利益，使设计更好地为社会服务。

室内设计是一个多专业的系统，在室内设计的整个过程中，各专业系统需要通力配合，协调统一，才能将各种复杂问题处理好。当代的室内设计已不是哪一位室内设计师一人就能独立完成的全部工作。一个室内设计项目的顺利完成，首先需要一个好的并且是合理的方案构思，在这一方案构思从模糊逐步走向明晰的过程中，需要从多方面对设计方案进行讨论和修改。这一过程需要室内设计师与建筑师、结构师，给排水、空调、电气工程师，材料供应商、家具供应商等，进行多次交流和磋商，以确定最佳方案。在设计工作开始之前和在方案初步形成后以及整个方案的实施过程中，都需要室内设计师与（业主）甲方代表的无数次沟通。在这一过程中，室内设计师要接触到甲方工作人员、政府、企业的领导以及普通的员工，设计师要用口头、书面、图示等一切形式向他们说明情况，并说服他们接纳设计方案。在设计施工的过程中，室内设计师还要与从工头到各工种的工人等现场施工人员进行反复接触、沟通，直至整个工程顺利完成。因此，作为室内设计师，就要有与他人团结协作的能力。

第5章

室内设计实训课程指导（案例分析讲解）

第一部分　家居室内设计

一、设计课题

以沈阳万科城小区某143平方米户型为例。

（一）承接设计课题任务

1.接受业主方委托

2.与业主方进行初步沟通，了解业主方基本情况

本案业主方基本情况：三口之家，男主人张先生45岁，某公司经理；女主人40岁，某高校教师；女儿13岁，初中二年级。新房位于沈阳市浑河南岸万科城小区，情景洋房二楼，143平方米，三室两厅两卫，房价7500元/平方米，全额付款。从交谈中得知，业主方经济条件较好，品位较高，喜欢现代简约的设计风格。了解基本情况能为设计师进行初步设计提供依据，从业主方的年龄、职业、房屋面积和位置能判断出此业主已经是第二次或第三次置业，以及房屋装修所能承受的心理价位，一般为房价的1/5～1/3。

（二）取得室内设计的有关建筑资料

1.取得户型图纸（图5-1）

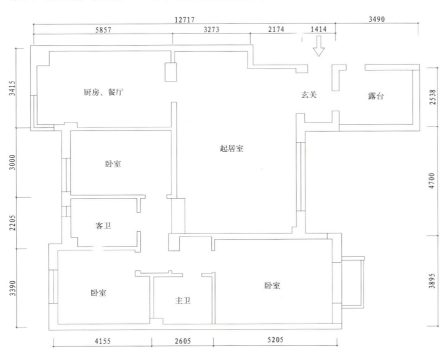

图5-1　本案原始平面布置图

2.根据业主方提供的建筑平面图，进行各空间功能分析（图5-2）

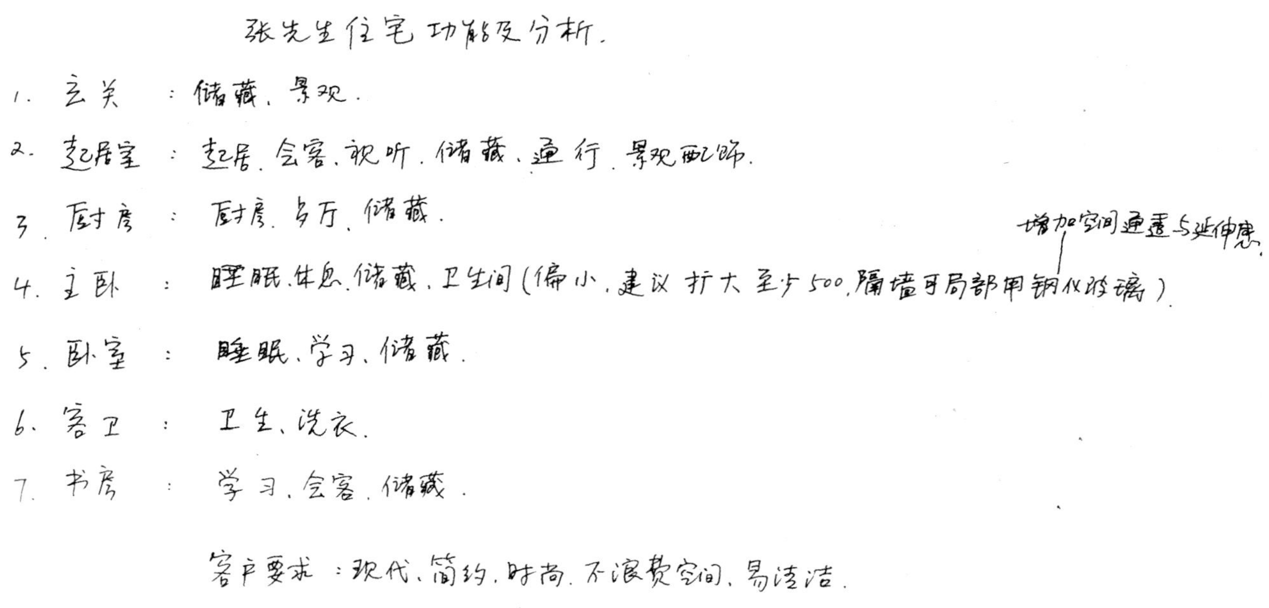

张先生住宅 功能及分析.

1. 玄关 ： 储藏、景观.

2. 起居室 ： 起居、会客、视听、储藏、通行、景观配饰.

3. 厨房 ： 厨房、与方、储藏.

4. 主卧 ： 睡眠、休息、储藏、卫生间（偏小、建议扩大至少500、隔墙可局部用钢化玻璃）. *增加空间通透与延伸感*

5. 卧室 ： 睡眠、学习、储藏.

6. 客卫 ： 卫生、洗衣.

7. 书房 ： 学习、会客、储藏.

客户要求：现代、简约、时尚、不浪费空间、易清洁.

图5-2　住宅功能分析草稿

3.依据空间功能分析，现场绘制方案草图

由于原建筑设计的平面布局比较合理，没有太多浪费的空间，这也为设计师的工作提供了很好的基础(图5-3)。

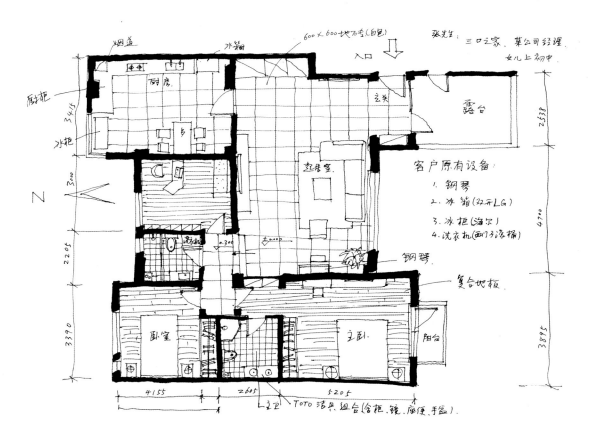

图5-3　现场绘制方案草图

绘制方案草图这一步骤非常关键，设计师要思维敏捷，并且要换位思考，从业主方的角度来分析平面布置图，依据各空间功能分析，现场画出平面布置方案与透视草图，使业主方充分信任设计师的能力与公司的实力，为后续的工作打下良好的基础。在勾画草图时，要先从相对固定的空间画起，如主卧室、儿童卧室、书房、客卫等空间。边画边同业主沟通交流，交流中得知业主夫妇应酬较多，很少在家中做饭，这样，餐厅、厨房一体的方案也就出来了。交谈中还得知业主家中有一架钢琴，女主人及女儿在闲暇时以此来陶冶情操。钢琴需要有一块相对安静的空间，窗户侧面的墙面就被它占去了。这样，电视背景正好还有一块正对窗的墙面可以选择，确定了电视背景墙，沙发的位置也就自然地布置出来了。业主夫妇提出想把卫生间向主卧室方向扩大一些，但同时又担心主卧室入口的过道加长产生压抑感。设计师顺着业主的思路将卫生间向主卧室方向扩大500mm。

并将部分墙面去掉，用玻璃代替。这样设计不仅使卫生间的使用面积得以扩大，增加了空间的通透性，也丰富了空间的层次，也避免了入口的过道加长而产生压抑感（图5-4）。

此方案博得了业主夫妇的一致好评与赞誉，认为设计师确实解决了他们的困难与问题，这也为日后签单成功打下了很好的基础。

图5-5是现场勾画的电视背景墙的立面，应用了构成的平衡原理。在材质上考虑用亚光的白色皮革来淡化背景墙的概念，同时又可以起到吸音的作用。卫生间玻璃墙面给了设计师灵感，并在此处得到了延续，使设计风格得到了统一。这一方案也得到了业主的认同。

主卧室的方案应该说很简洁，没有吊顶，没有窗帘盒，只在墙面设计了一条挂镜线，墙面是灰绿色的乳胶漆，地面铺米灰色复合地板，再配一张舒适的大床，共同构成了惬意的睡眠环境（图5-6）。

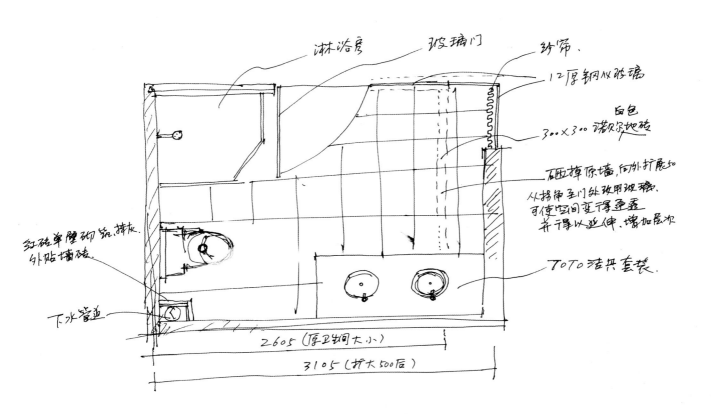

图5-4 卫生间改造后平面放大图

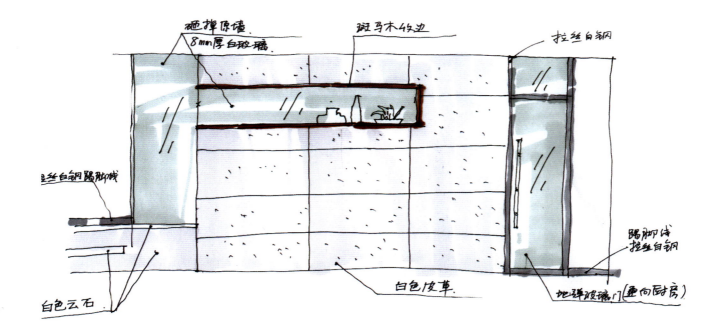

图5-5　电视背景墙立面草图

图5-6　主卧室方案草图

图 5-7　卫生间方案草图

图 5-7 是主卫生间的勾画草图，设计师紧紧把握现代简约这一风格主线，大胆地使用了灰色墙砖与咖啡色马赛克，完美地勾画出了洁具的轮廓，这一设计方案使业主夫妇喜出望外，对自己未来的新家充满了期待。

4．对设计要求的理解及反馈

通过第一次交流，业主初步认可了设计师的草图方案，对设计风格也比较认可，双方协商在一周后看电脑效果图与预算。

5．电脑效果图绘制

首先要度量现场，确认建筑尺寸、房间高度，以及各种管道的确切位置与大小，细化草图，完善设计。

这时需要考虑的因素：

a．室内功能

b．设计风格

c．空间界面处理

d．室内陈设及家具的选择

e．材料预算

图 5-8～5-11 是设计师在进行电脑效果图前的部分草图方案。图 5-12～5-16 是电脑效果图。

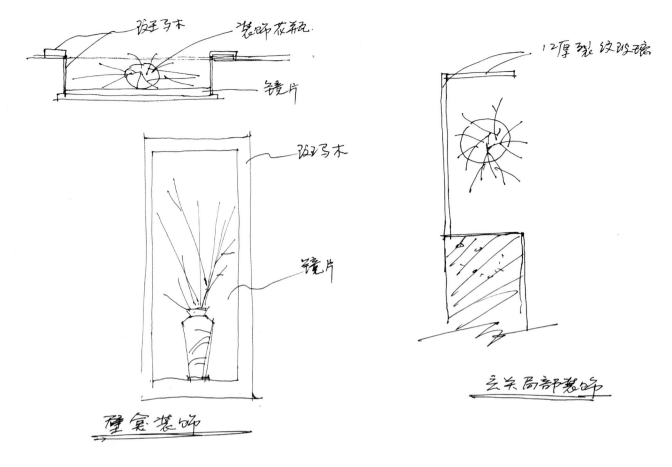

图 5-8　壁龛装饰草图　　　　　　　　　　　　　　图 5-9　玄关局部装饰草图

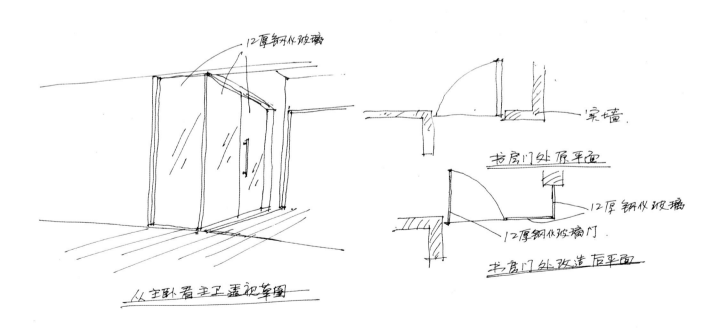

图 5-10　从主卧看主卫草图　　　　　　　　　　　图 5-11　书房门处改造草图

图 5-12　起居室电脑效果图 1

图 5-13　起居室电脑效果图 2

图 5-14　主卧室电脑效果图 1

图 5-15　主卧室电脑效果图 2

图5-16 主卫生间电脑效果图

6、工程图绘制

工程图包括平面图、天花图、地面铺装图、电气图、立面图、剖面图、大样图等。
依据草图与电脑效果图，用AUTOCAD软件绘制施工图纸（图5-17～5-27）。

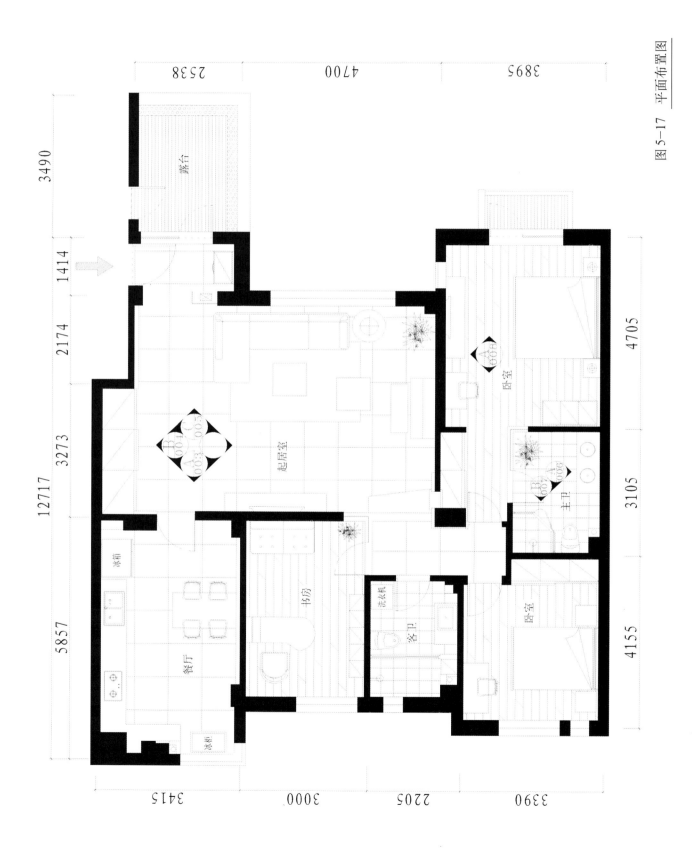

图5-17 平面布置图

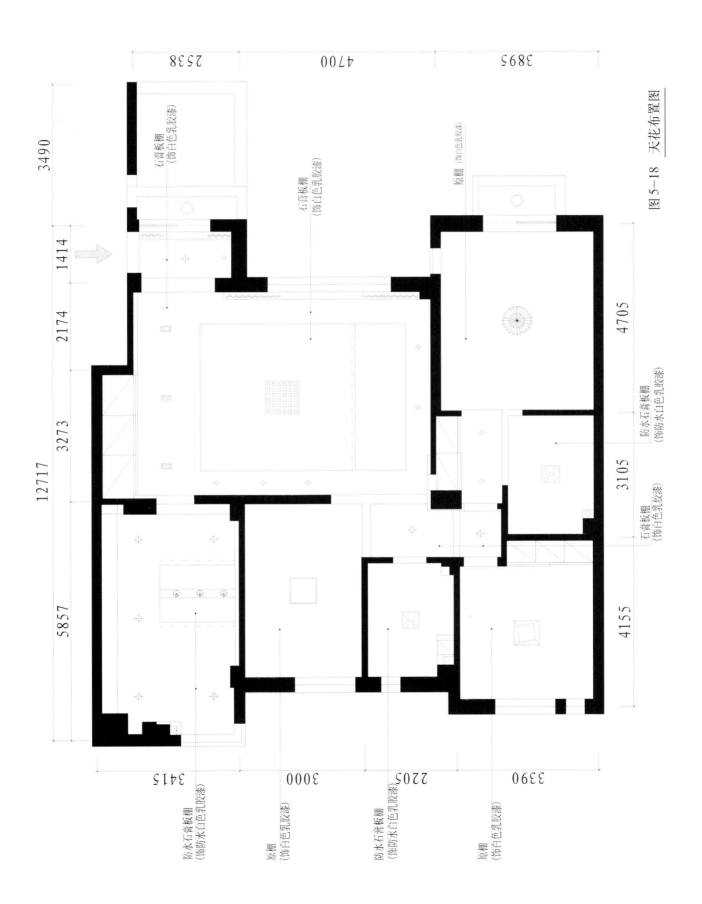

图 5-18 天花布置图

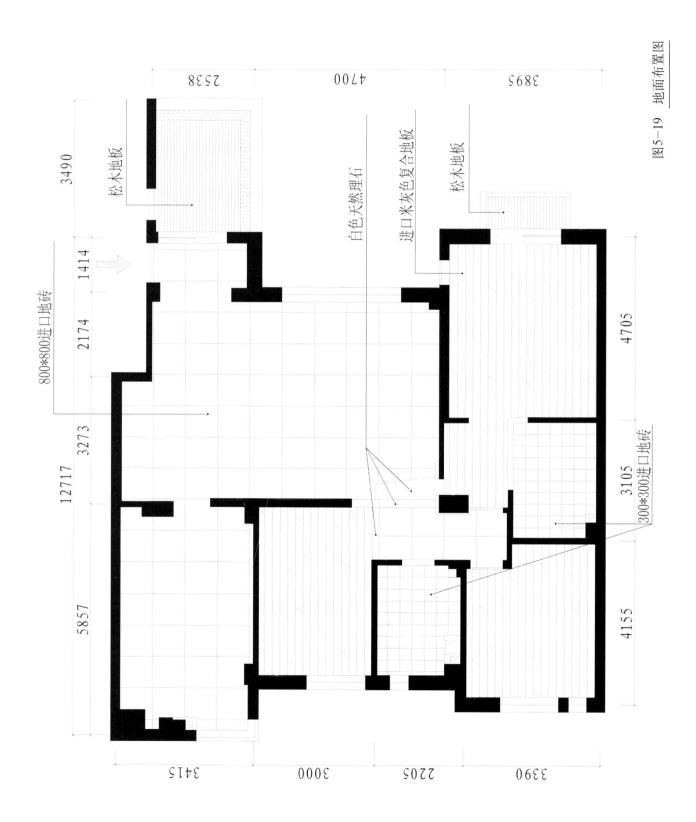

图5-19 地面布置图

松木地板

800*800进口地砖

白色天然理石

进口米灰色复合地板

松木地板

300*300进口地砖

2538

4700

3895

3490

1414

2174

3273

5857

12717

4705

3105

4155

3415

3000

2205

3390

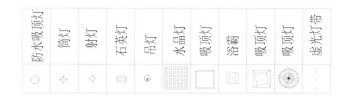

防水吸顶灯	筒灯	射灯	石英灯	吊灯	水晶灯	吸顶灯	浴霸	吸顶灯	吸顶灯	虚光灯带
○	✦	✦	▣	◉	▦	□	▩	◇	✹	---

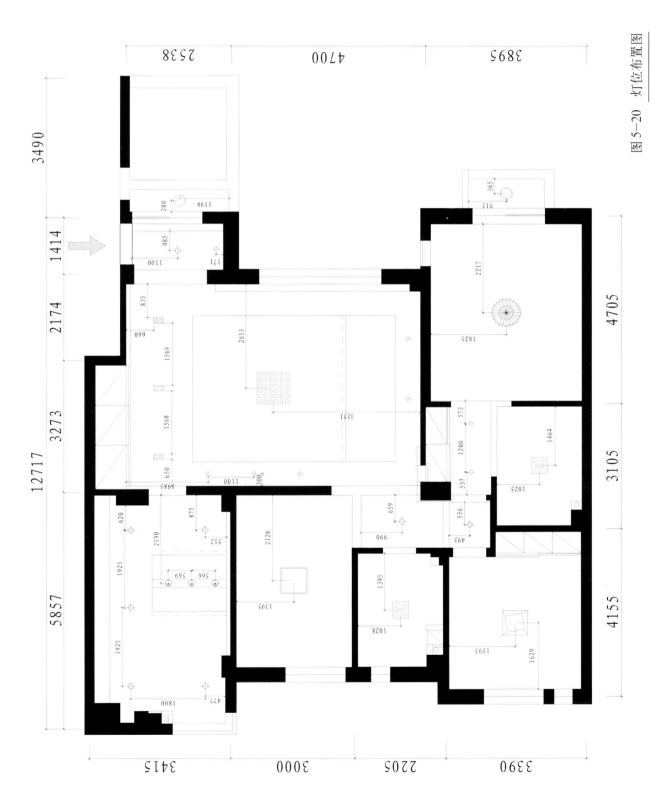

图 5-20　灯位布置图

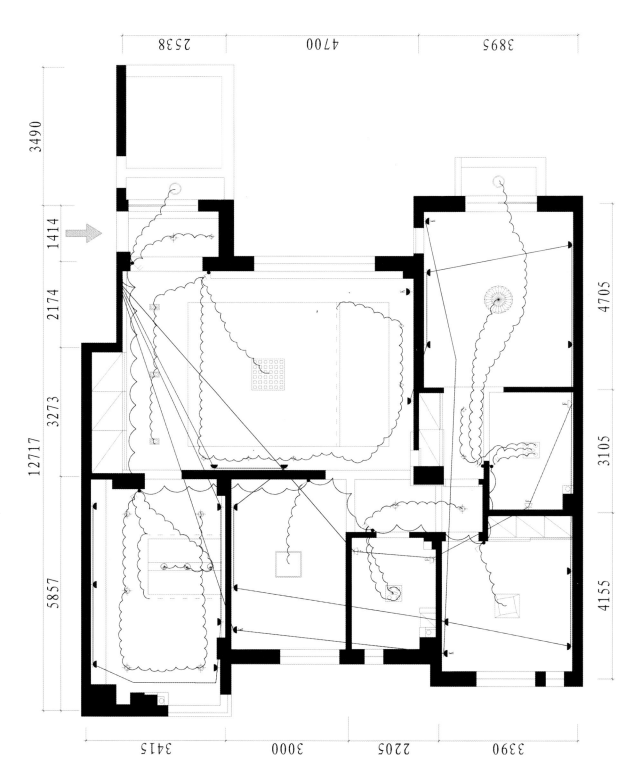

单键开关	二键开关	三键开关	五孔插座	空调插座	防水插座	防水吸顶灯	筒灯	射灯	石英灯	吊灯	水晶灯	吸顶灯	浴霸	吸顶灯	吸顶灯	虚光灯带

图 5-21　电气布置图

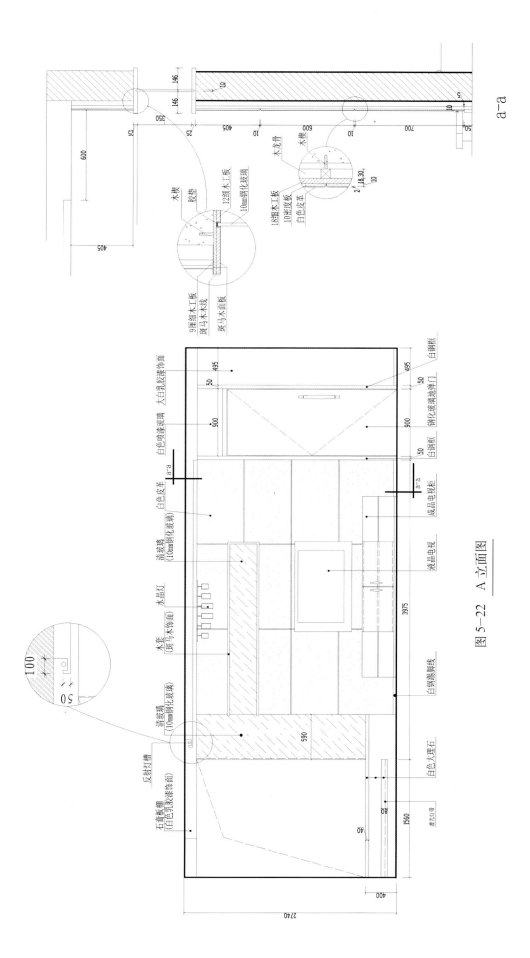

图 5-22 A 立面图

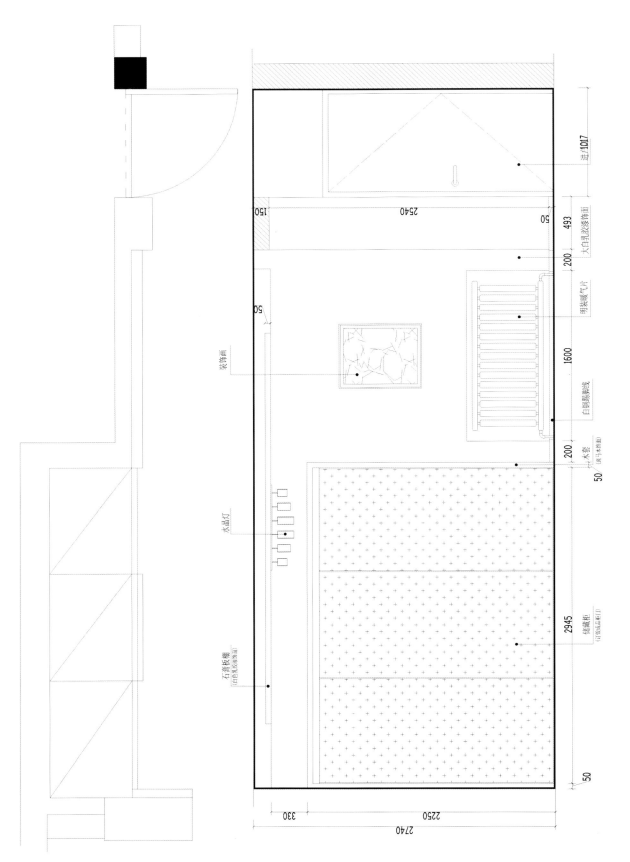

图5-23　B立面图

進口101?

大白乳胶饰面

明装暖气片

白钢踢脚线

木套 (贴马木饰面)

储藏柜 (百型成品柜门)

装饰画

水晶灯

石膏板棚 (白色乳液漆饰面)

150　2540　50

493

200

1600

200

50

2945

50

330　2250

2740

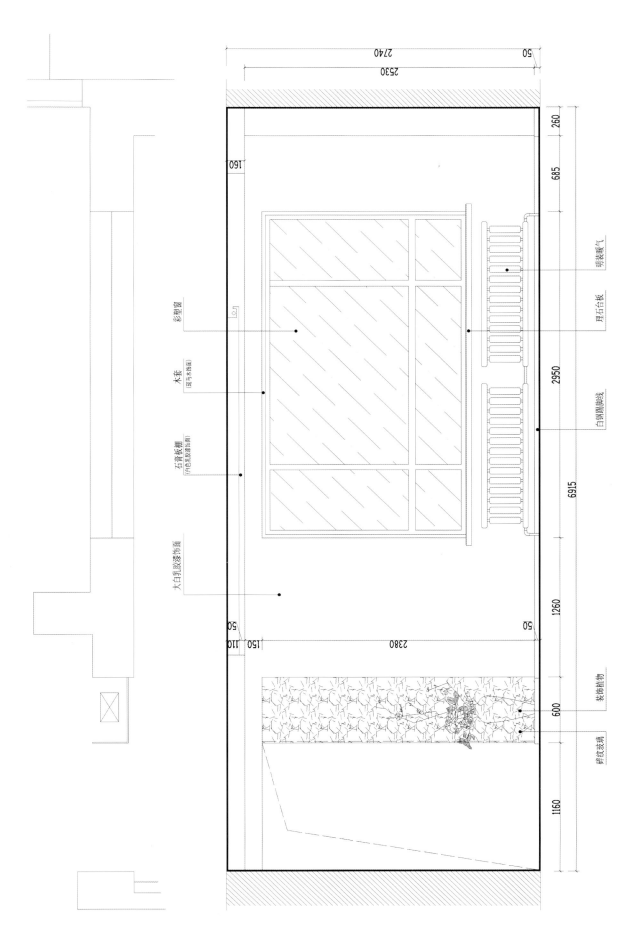

图 5-24　C 立面图

彩塑窗

木套
[黑马木饰面]

石膏板棚
[白色乳胶漆饰面]

大白乳胶漆饰面

明装暖气

理石台板

白钢踢脚线

装饰植物

碎纹玻璃

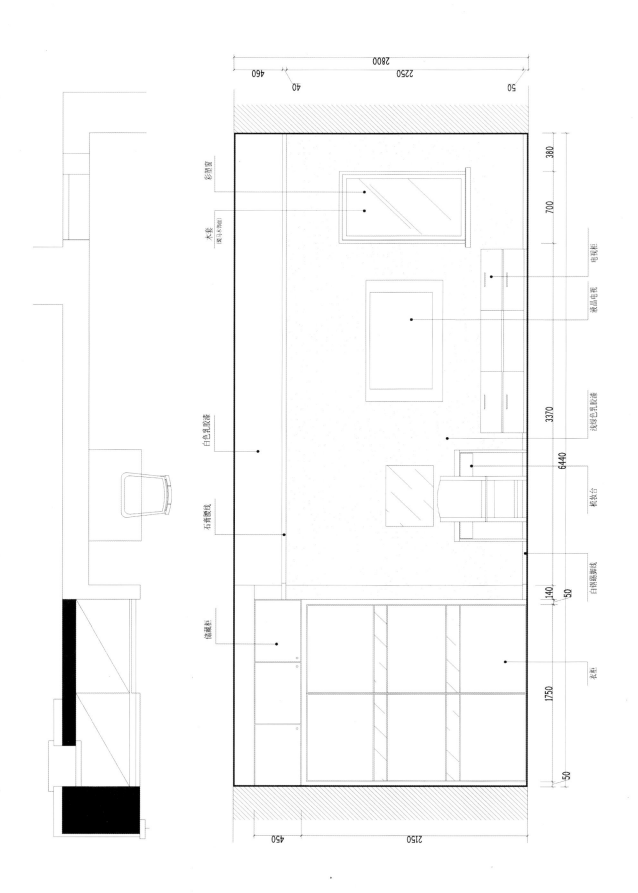

图5-25 主卧室008立面

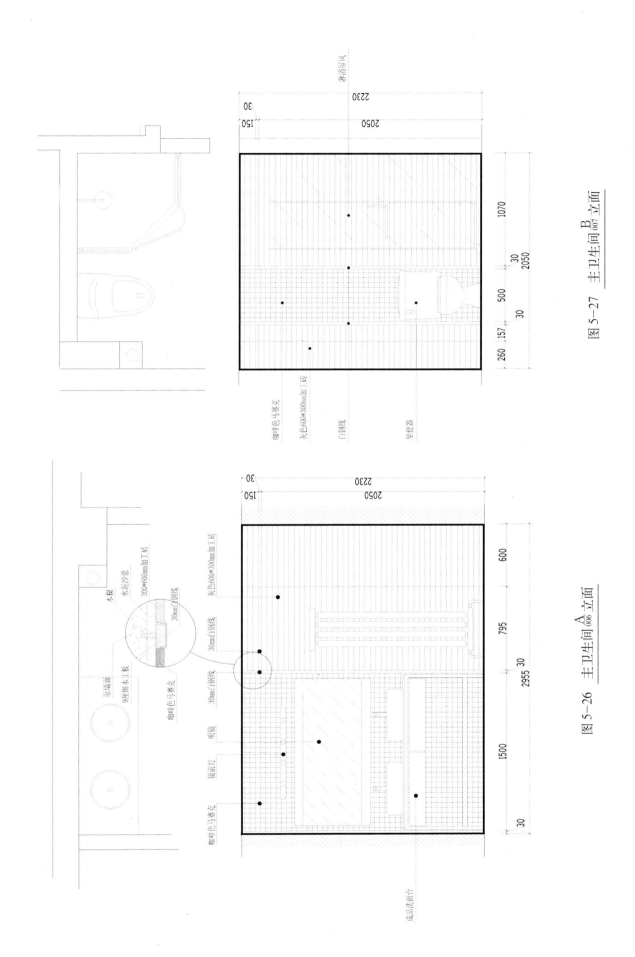

图 5-27　主卫生间 B/007 立面

图 5-26　主卫生间 A/006 立面

二、制作设计文件

设计文件的内容包括：

1.封面
2.图纸目录表制作详细指引
（1）平面图类
（2）立面图类
（3）顶棚图类
（4）剖面图、大样图类
（5）效果图类

设计文件的打印与装订是设计工作的收口阶段，装订要精致，要让业主感到你的工作态度是诚恳、认真和细致的，而且非常专业。

3.材料样板及工程预算书
（1）材料样板

对本套设计的主要用材，设计师要向业主提供材料清单与材料样本，让业主非常清晰明了地知道自己的家要进行装修都使用哪些材料，这些材料都有哪些优点，环保指标如何，自己的钱都花到哪里去了，做到"明明白白装修"。本案设计师向业主提供了洁具、地板、墙砖、地砖、马赛克、橱柜、乳胶漆、灯具、门锁、开关、细木工板等材料的样本资料。

（2）工程预算书

家装预算目前以清单报价方式为主，优点是能让业主一目了然地知道装修内容与报价。下面以门厅、起居室为例，做清单预算如下（仅供参考）：

<table>
<tr><td colspan="7" align="center">工 程 预 算 书</td></tr>
<tr><td colspan="3">客户姓名:张××</td><td colspan="2">地址:万科城</td><td colspan="2">建筑面积:143平方米</td></tr>
<tr><td colspan="3">联系方式:</td><td colspan="4">日期:2007年9月26日</td></tr>
<tr><td colspan="7">一楼</td></tr>
<tr><td colspan="7">一、门厅、起居室</td></tr>
<tr><td>序号</td><td>工程名称</td><td>分项单价</td><td>单位</td><td>数量</td><td>合计（元）</td><td>备注说明</td></tr>
<tr><td>1</td><td>天棚吊顶</td><td>120</td><td>平方米</td><td>39</td><td>4680.00</td><td></td></tr>
<tr><td>2</td><td>天棚和墙体大白</td><td>10</td><td>平方米</td><td>75</td><td>750.00</td><td></td></tr>
<tr><td>3</td><td>天棚或墙体乳胶漆</td><td>8</td><td>平方米</td><td>75</td><td>225.60</td><td></td></tr>
<tr><td>4</td><td>门口</td><td>550</td><td>项</td><td>1</td><td>550.00</td><td></td></tr>
<tr><td>5</td><td>入口裂纹玻璃隔断</td><td>850</td><td>米</td><td>1.2</td><td>1020.00</td><td></td></tr>
<tr><td>6</td><td>电视背景部分</td><td>300</td><td>平方米</td><td>9.5</td><td>2850.00</td><td></td></tr>
<tr><td>7</td><td>电视柜</td><td>550</td><td>米</td><td>2.88</td><td>1584.00</td><td></td></tr>
<tr><td>8</td><td>壁纸背景部分</td><td>65</td><td>平方米</td><td>22.4</td><td>1456.00</td><td></td></tr>
<tr><td>9</td><td>储物柜</td><td>800</td><td>米</td><td>3.1</td><td>2480.00</td><td></td></tr>
<tr><td>10</td><td>满铺地砖</td><td>180</td><td>平方米</td><td>39</td><td>7020.00</td><td></td></tr>
<tr><td>11</td><td>壁龛造型</td><td>220</td><td>平方米</td><td>1.2</td><td>264.00</td><td></td></tr>
<tr><td>12</td><td>玻璃墙体</td><td>190</td><td>平方米</td><td>3.6</td><td>684.00</td><td></td></tr>
<tr><td>13</td><td>白钢踢脚线</td><td>35</td><td>米</td><td>13.7</td><td>479.50</td><td></td></tr>
<tr><td>14</td><td>阳台铺地板</td><td>55</td><td>套</td><td>2.6</td><td>143.00</td><td></td></tr>
<tr><td>15</td><td>灯具</td><td></td><td>个</td><td>13</td><td>4500.00</td><td></td></tr>
<tr><td>16</td><td>沙发、茶几、电视柜</td><td></td><td>套</td><td>1</td><td>11000.00</td><td></td></tr>
<tr><td>17</td><td>装饰画</td><td>800</td><td>个</td><td>3</td><td>2400.00</td><td></td></tr>
<tr><td>18</td><td>装饰花瓶</td><td>400</td><td>个</td><td>3</td><td>1200.00</td><td></td></tr>
<tr><td colspan="5" align="center">小计</td><td>43286.10</td><td></td></tr>
</table>

二、综合项目

序号	工程名称		分项单价	单位	数量	合计（元）
1	电路工程预收		5000	项	1	5000.00
2	电路项目详表（合同签订后选择方案不可改动）	强，弱电路改造材料费	10	平方米	260	2600.00
		强，弱电路改造人工费	10	平方米	260	2600.00
		主灯安装	20	平方米	13	260.00
		装饰灯具、开关插座	5	平方米	30	150.00
		宽带网走线	120	项	1	120.00
		电话线走线	120	项	1	120.00
		有线电视走线	120	项	1	120.00
3	材料运输及搬运		10	平方米	260	2600.00
4	装修垃圾清运		3	平方米	260	780.00
5	水暖预收		800	项	1	800.00
	小计					15150.00
	合计					58436.10
	工程直接造价					58436.10
	公司管理费 ＝工程直接造价×5%		0.05			2921.81
	工程造价＝工程直接造价＋公司管理费					61357.91
	本基础装修预算书中未包含项目均为甲方提供或甲方委托乙方代购。					

三、设计方案的讲述

家装设计师最大的特点是要求知识全面，既要懂设计、施工，又要懂接单；既要有较高的设计能力，又要有较好的同客户"打交道"的本领。以下是讲述方案前必要的准备工作。

（一）讲述设计方案的基本过程

1. 要对业主想听什么事先有个很好的估计

一般说来，业主会从以下两个方面来判断你的设计方案的优劣：

（1）创意如何

包括实用与美观等方面。好的创意会得到重视，如果抄袭模仿的成分过多，就得不到高的评价。

（2）工艺技巧方面

空间计划的完整性、家具选择的合理性、色彩的条理性、照明计划的科学性、室内耐用及易保养、安全及环保。

2. 在讲述设计方案时，要从大的方面讲起，比如平面布局、总体设计风格、色彩设计、照明计划等方面。然后从主要空间讲起，家具选择的合理性、重点讲解你为业主解决了哪些实际困难，从设计方面怎样节约材料，以及设计的合理性、科学性、安全性、环保等等。待业主对设计方案没有大的疑义后，再讲解材料清单以及预算。

（二）在讲述方案过程中需注意的事项

在讲述时，思路要清晰、连贯，语速不要太快，要让听者完全听懂你在说什么。

四、与业主方进一步沟通，确认设计方案及承包范围，并签订委托合同（合同略）

与业主确定好设计方案，确认承包范围，不要漏项，以免后来结算时发生矛盾。俗话说，"多个朋友多条路"，聪明的设计师会和业主在交往中成为朋友，他还会为你介绍其他的客户。

五、依据合同约定的内容进行施工

以下是施工完成后入住前的实景照片（图5-28～5-47）。

图5-28　起居室

图5-29　起居室

图 5-30　玄关　　　　　　　　　　　　　　　　图 5-31　过厅

图 5-32　卫生间

附：优秀设计方案欣赏（图 5-33～5-56）

1.某别墅样板间中标方案（作者 程学敏 王鑫）

图 5-33 一层客厅设计方案

图 5-34 一层休闲区设计方案

图 5—35 一层餐厅设计方案

图 5—36 二层主卫生间设计方案

图 5-37　二层主卧室设计方案

2.某三室两厅两卫户型样板间设计方案（作者　边敬轩）

图 5-38　主卧室设计方案

图 5-39　起居室设计方案

图 5—40　客卧设计方案

图 5—41　书房设计方案

图 5—42　主卫生间设计方案

3.某别墅装修设计方案（作者　祁海娇　张路）

图 5-43　主卧室设计方案

图 5-44　起居室设计方案

图 5-45　客卧室设计方案

图 5-46　起居室设计方案

4.某三室户型装修设计方案（作者　王琳　曲冰洋）

图 5-47　主卧室设计方案

图 5-48　儿童房设计方案

图 5-49　儿童房设计方案

图 5-50　书房设计方案

5.某四室户型装修设计方案（作者　张雷　刘琳琳）

图 5-51　起居室设计方案

图 5-52　餐厅设计方案

图 5—53　主卧室设计方案

图 5—54　主卧室设计方案

6.某家装设计方案（作者 孙焱）

图 5-55　起居室设计方案

图 5-56　餐厅设计方案

第二部分　公共室内设计

一、公共空间室内设计范围

公共空间室内设计一般包括：(1)办公空间的室内设计（如政府办公楼、商业写字楼、银行证券办公楼等）；(2)展示空间室内设计（如博物馆、展览馆、会展中心等）；(3)餐厅娱乐空间室内设计（如餐厅、酒店、会所、温泉SPA等）；(4)商业空间室内设计（各种商业品牌专营、专卖空间设计等）；(5)其他室内的空间室内设计（医院、学校、幼儿园等）。

二、公共空间室内设计阶段界定

承接室内设计的设计单位的指定，一般是：(1)通过委托方直接委托；(2)通过招标公司组织招投标来确认。设计总体工作分前期方案部分和后期施工图部分。设计招标一般指前期方案部分，待方案确定后，签订设计协议，进入后期施工图部分，进一步深化设计。

三、承接设计课题实例介绍

（一）项目简介

这里我们拿一个主题餐厅的设计为例，通过对于这个3000平方米的小型项目的设计过程，来向大家展示一下公共空间在前期方案设计阶段的工作。

设计单位通过招标公司取得设计标书、设计资料以及了解使用方的设计要求，随即进行现场勘查测量，之后进行功能分析、设计定位，并提出设计成果。待使用方确认后，绘制施工图纸和进行现场技术咨询服务，直到项目完成的设计全过程。从此例中大家可以对于公共空间设计程序及内容有个初步认识，并在以后的实际项目设计操作中得到一些借鉴与参考。

沈阳辉庭餐饮有限公司地处繁华的商业街附近，建筑面积3000平方米，是东北三省最大的日本餐饮企业；是沈阳市政府招商引资投标项目。参加竞标后，中标设计单位脱颖而出，竞标成功，承接了辉庭日本料理总店的设计及施工任务（图5-57）。

酒店主体三层，一层主营日本烤肉；二层主营铁板烧、日本料理等；三层主营铁板烧。总体餐厅包括38间包房、19张散台，能同时接待400人就餐。

（二）取得设计要求的确认文件、建筑资料及度量现场

在做室内设计之前取得土建设计施工图纸，对空间土建部分进行深入而翔实的了解，是装饰设计工作前期必要的过程。

在投标前期，设计单位在招标公司取得招标书，以及相关文件。其中包括建筑总平面、立面图、剖面图以及给排水、空调、电气、消防等图纸资料；提供建筑空间的结构特征、尺度、数据，以及给排水、空调、电气、消防系统等相对准确的信息及现场情况。

图5-57　沈阳辉庭餐饮有限公司门脸

图 5-58　沈阳辉庭餐饮有限公司项目土建现场

　　本项目在进行室内设计之初，土建部分施工还没有最后完成，设计人员到现场拍了照片又进行局部的测量(图5-58)。这样做的目的主要有两个：第一，通过对现场实地考察，可以直观感受建筑所处环境条件、室内空间与建筑之间的关系，更重要的是对于室内空间的直观感受，这些是做好室内设计的必要前提。第二，现场拍片与局部的测量工作，可以对建筑基础有更具体深入的了解，也可以尽量避免建筑图纸与现场不符的情况所引发的设计失误。

（三）与委托方进行初步沟通后，了解设计成果标准及要求

　　设计师与委托方之间对于项目设计的若干问题进行交流，是总体设计工作中最重要的一个环节。

　　本案中辉庭餐饮有限公司作为日本BAL集团在沈阳的独资企业，以开拓沈阳日本铁板烧和烧肉市场为主要经营目标，致力于将"辉庭"发展为全国闻名的餐饮连锁机构，并提出"创造丰富的生活空间"的经营理念。其负责人在与设计师交流的过程中，还着重地解释辉庭的"辉"字在日本语言中具有"光辉"、"灿烂"的意思。委托方作为中国东北三省最大的日本餐饮企业，力争通过此项目在沈阳建立以经营地道的日本料理为核心内容的辉庭旗舰店。力求通过现代的设计手法，展现以传统的日本饮食文化为核心的日式料理、日式服务，让顾客体验日本饮食风情和文化，成为高档的餐饮场所。

　　设计师与其相关负责人对于空间的使用要求、设计理念、装饰风格等诸多问题交换了意见，综合起来明确了委托方设计意图和要求；为未来设计定位、设计风格、设计功能等诸多问题的确认与解决打下了良好的基础。

　　设计师与委托方面对面地直接交流，是深刻理解设计要求的最佳方式，所以这一阶段的工作做得好坏、是否到位，是关系到总体设计的成败。切实的现场感受与勘察，良好的沟通与交流，对于之后的整个设计工作起到事半功倍的作用。尤其是商业餐饮项目，设计师的设计还关系到经营活动的诸多因素，如良好的经营理念、饮食文化的展现等。把空间设计理念与经营内容、消费行为完美的结合，要求设计师不但要有丰富的设计经验、综合的文化素质，还要有敏锐的观察感受力，更重要的是有良好的交流表达的能力。

（四）对设计要求的理解及设计方案构思

"辉庭"是一个独立的三层建筑，位于市政主要道路一侧，建筑面积3000平方米，建筑为砖混结构。建筑一层层高4.6米，二、三层层高3.7米，采用中央空调系统，楼梯位置在建筑中部，两侧成南北对称格局。设计师对于建筑所具备的基础条件进行初步的分析，是室内空间设计的第一步。例如：建筑梁板结构、中央空调系统等，是影响装饰吊顶高度的最直接因素；楼梯所处的位置，是决定空间流线与空间布局设计的因素等。

除了现场空间条件以外，最直接影响设计理念与风格的因素是餐厅的性质、经营内容与经营方式。设计方案的准确定位，首先是对这些因素与条件的科学、正确的理解与分析。

图 5-59　茶庭一角

在日本建筑艺术中，园林艺术可谓是典型独特且能体现日本传统文化的精髓。茶庭是日本庭院建筑艺术中最具民族特色的作品种类，充分体现了日本住宅与园林建筑的精华——禅、茶、画三结合的东方艺术情趣。

图 5-60　茶庭设计

图 5-61　茶庭设计

"辉庭"意为有光的庭院，设计师把这里的具有外化意象的室内空间，营造出一些室外的自然景观，充分体现与继承了茶庭的审美核心内容，并作为"辉庭"的设计定位。设计师运用渗、漏、透的造园手法，使空间形成视觉连贯和融合，整个室内力求体现平易亲切、富有人情味的环境氛围。设计师用写意手法经营这里的山、石、竹、草，充分运用日本的造园方式，营造日式的文化氛围（图5-59～5-61）。

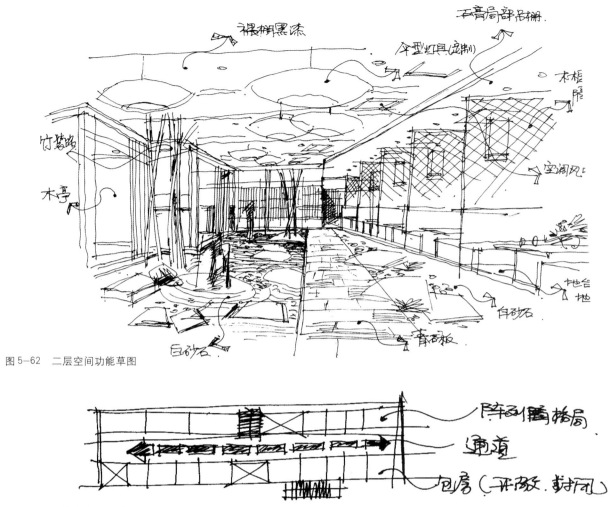

图 5-62　二层空间功能草图

图 5-63　二层空间局部草图

（五）设计立意与功能、流线的分析

设计定位是整体设计的灵魂,关系到设计的成功与否。在确定了设计风格与设计方向后,调整空间的功能、组织空间的流线、对空间划分形式与界面的处理,包括室内陈设等,均应按照设计的总体定位来做,不能走偏,并将这一理念贯穿始终,发挥到极致!

"辉庭"作为日本料理店,经营者力图通过近3000平方米的室内空间充分传达出日本餐饮文化与环境品质的精到所在,让这里的宾客在感受异域文化风情的同时,享受色、香、味均具日本艺术特色的一流料理。起初,设计师对于日本的饮食文化与建筑文化进行了深层次的考察与认识,经过讨论与交流,最后将"辉庭"室内设计风格确定为两个目标:第一,用最具代表性的日本传统建筑文化的内容作为"辉庭"的室内设计的风格定位;第二,与现有建筑空间的特点结合,力争将设计风格在现有空间中完美体现。

现在我们以二层为例来说明这一设计过程(图5-62～5-65)。长方形的空间流线单一、简洁。有光的一侧,相对开放,四个独立的"亭园"成为这里自然景观的主体,所有的造园手法与语言都主要在这一区域体现。没有采光的一侧,利用室内灯光照明设计,将这里的排列雅座空间塑造成怡人的用餐空间。虽然这里经营的是日式烧肉,但是身在其中却有远离喧嚣的那种静穆、淡泊之感,设计师力求把清幽静谧的禅味体现出来。这一切正是想营造日本传统文化崇尚清雅绝尘、虚空淡泊的环境景观境界,让宾客流连忘返。设计师运用了细致而朴素的设计手法,将草木、竹石、麻布、纸张等充分加以利用,略微起伏的地面、软软草皮之上零星布设的整块山石, 间或有青竹、枯木、山石水钵、白砂石灯,俨然营造出"空山不见人,但闻人语响,返景入深林,复照青苔上"的晴空幽美的境界。室内的陈设在不经意间就被点缀其中。

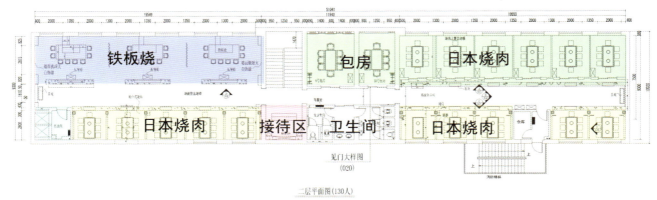

图 5-64 空间分布图

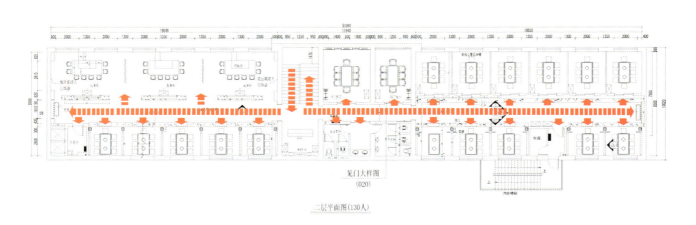

图 5-65 交通流线图

（六）材料预算（略）

（七）汇报并提交设计方案成果

设计方案形成与最后汇报设计成果文件阶段。这期间的设计周期为15天，主要完成方案技术标书（A3册子）、方案演示文件（Power Point）及彩色效果图大板（A0）。

（八）待方案设计确认后，进入绘制后期施工图阶段

多家设计单位经过评标现场的述标演说，由专家评委与委托方共同协商认定中标设计方案（图5-66～5-69）。中标单位与委托方签订协议，进入后期深化设计、绘制施工图阶段。

图 5-66 二层就餐空间设计

图 5-67 二层就餐区景观设计

图 5-68　二层就餐空间设计

图 5-69　二层就餐空间设计草图

（九）提交施工图（图 5-70～5-91）

　　设计单位待装饰设计施工图完成，经过各个相关专业会审后，提交设计蓝图，进入施工阶段；施工结束由施工单位绘制竣工图备案。

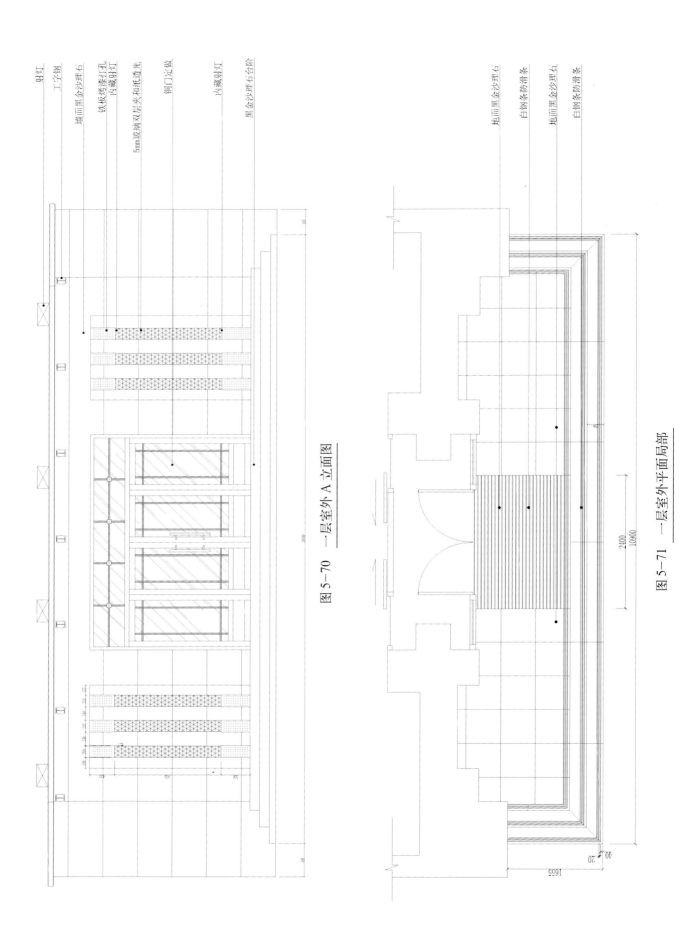

射灯
工字钢
墙面黑金沙理台
铁板烤漆打孔
内藏射灯
5mm玻璃双层夹和纸透光
铜门定做
内藏射灯
黑金沙理台台阶

图5-70 一层室外A立面图

地面黑金沙理台
白钢条防滑条
地面黑金沙理台
白钢条防滑条

图5-71 一层室外平面局部

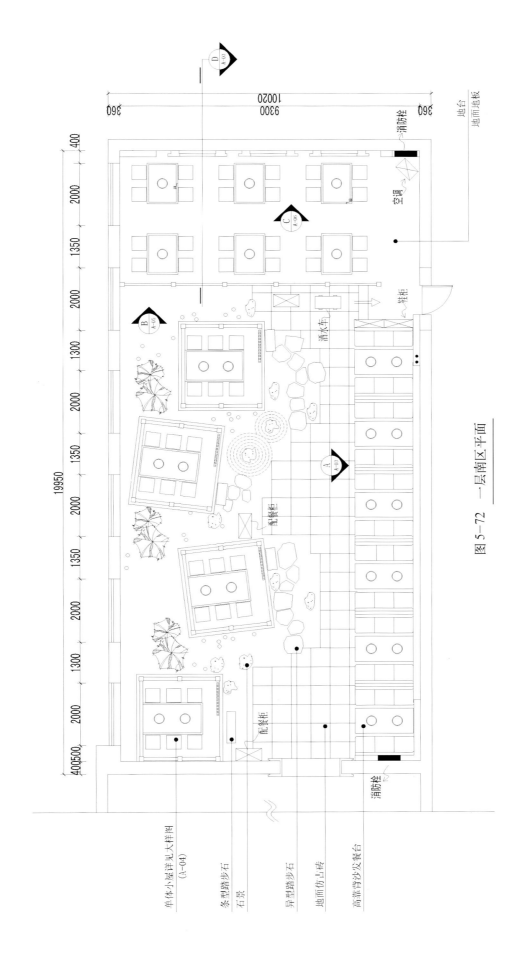

图 5-72 一层南区平面

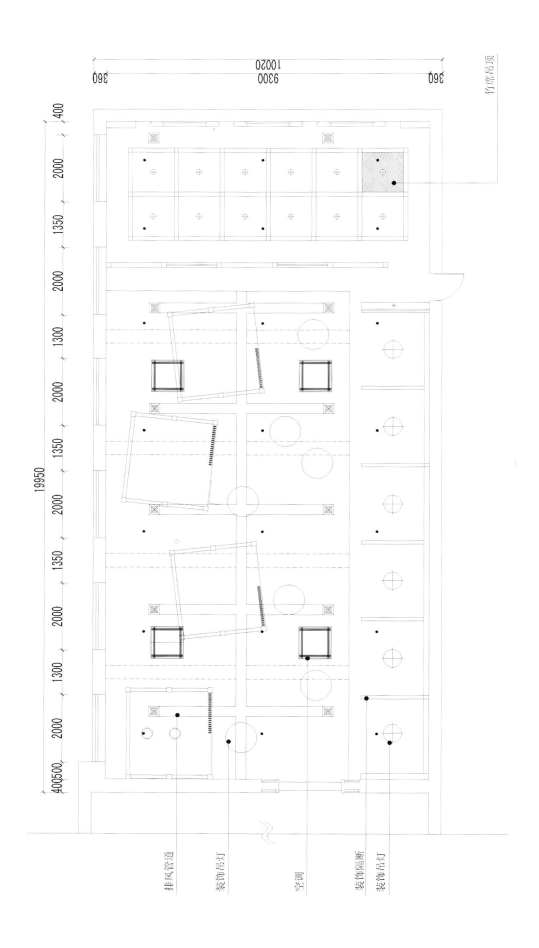

图 5-73　一层南区天花图

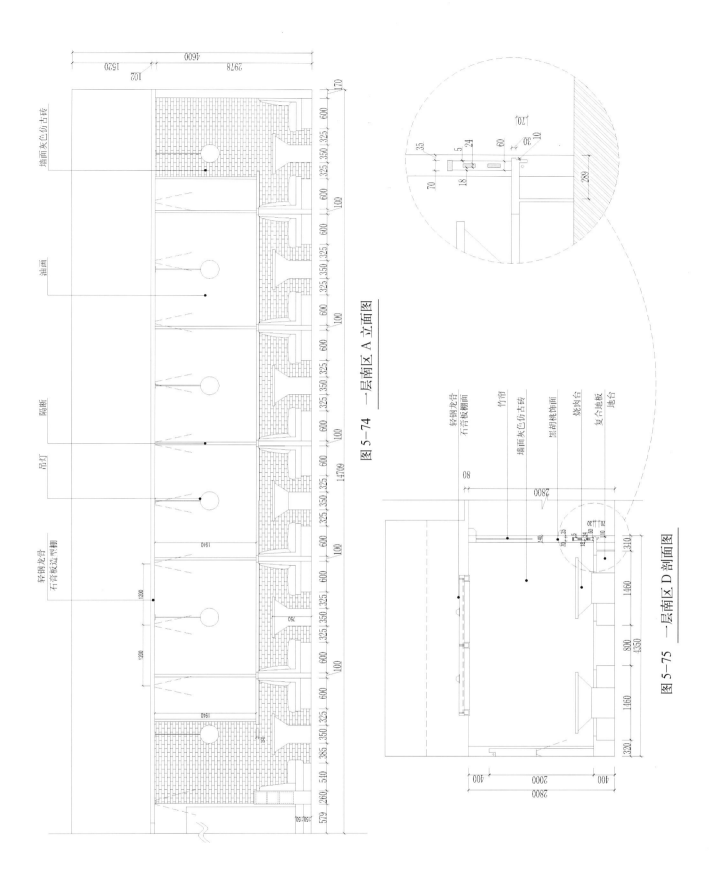

图 5-74 一层南区 A 立面图

图 5-75 一层南区 D 剖面图

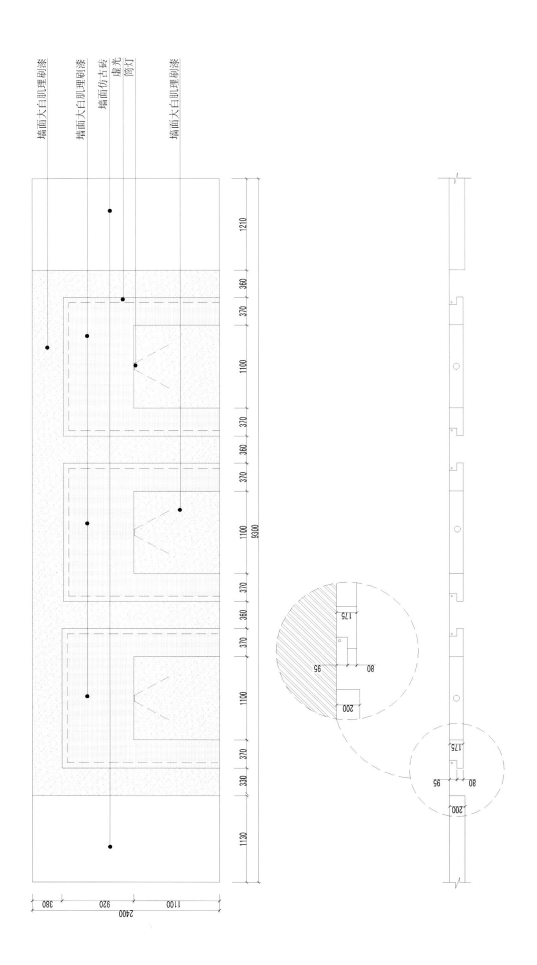

图 5-76 一层东侧 C 立面图

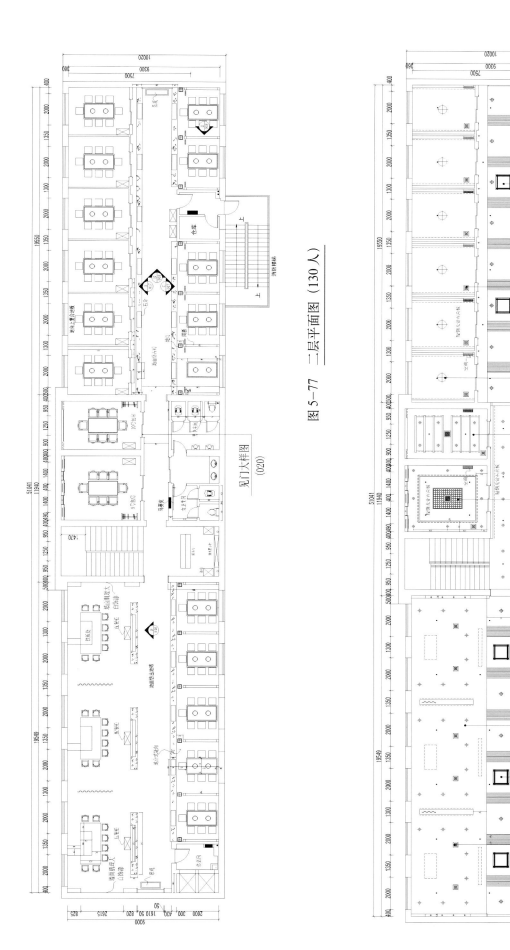

图 5-77 二层平面图（130 人）

图 5-78 二层天花布置图

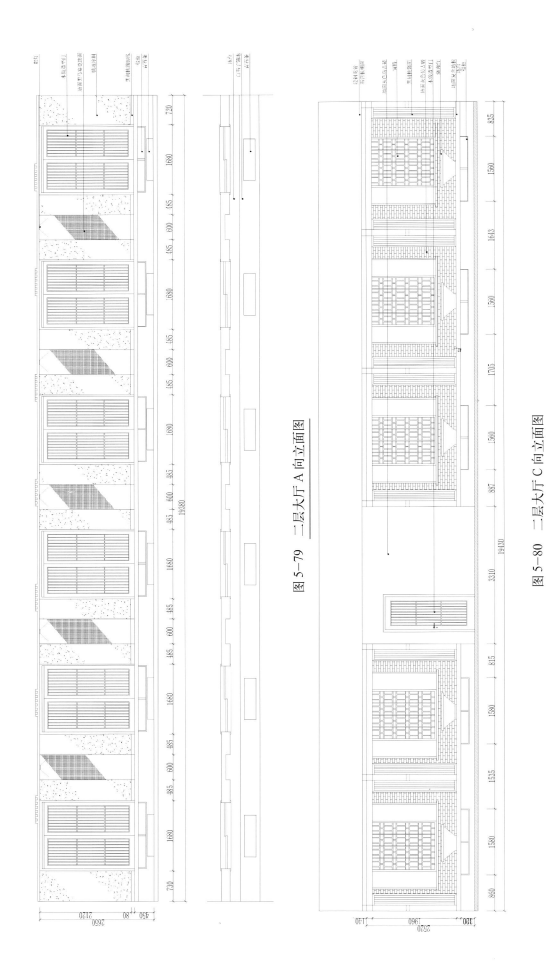

图 5-79　三层大厅 A 向立面图

图 5-80　三层大厅 C 向立面图

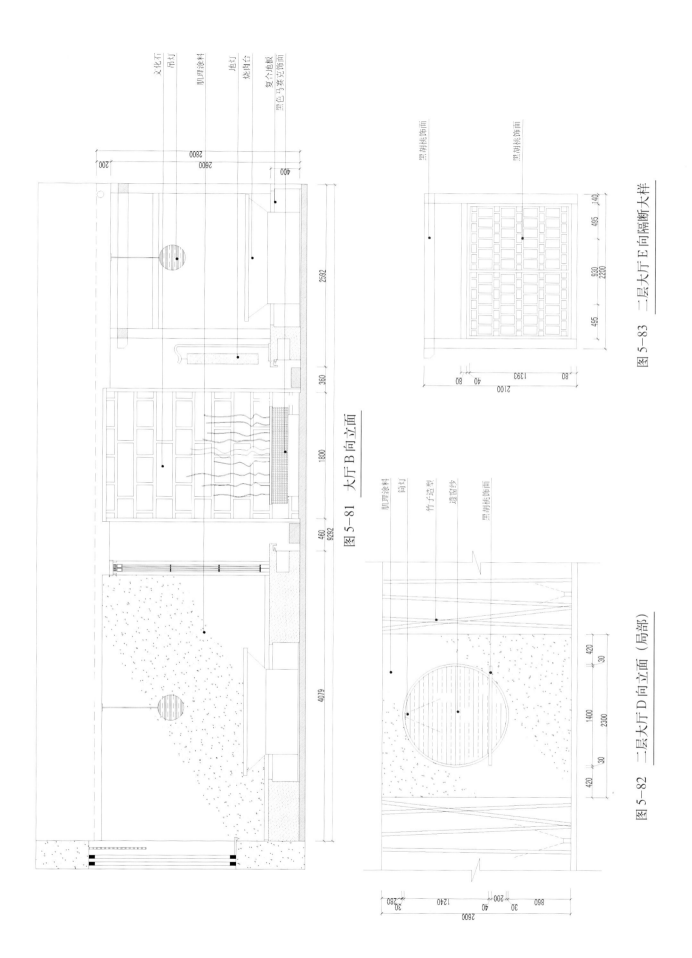

图 5-81　大厅 B 向立面

图 5-82　二层大厅 D 向立面（局部）

图 5-83　二层大厅 E 向隔断大样

HZBEN-63

100A/3P

N1—N10   HZBEN-32 16A   照明   JDG 15 BV3*2.5^2

N11—N14   HZBEN-32 16A   市电插座   JDG 20 BV3*4^2

N15—N27   HZBEN-63 32A/4P 空调   JDG SC25 BV5*4^2

N28   HZBEN-63 32A/4P 排风机组   JDG SC25 BV5*4^2

图 5-84 二层配电箱

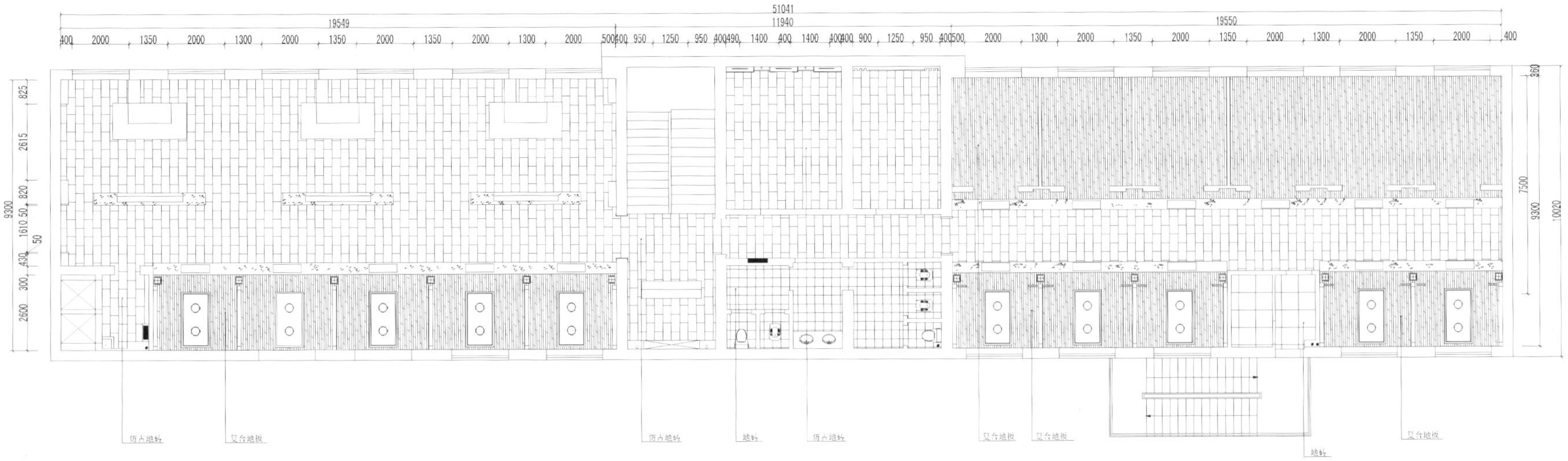

图 5-85 二层地面图

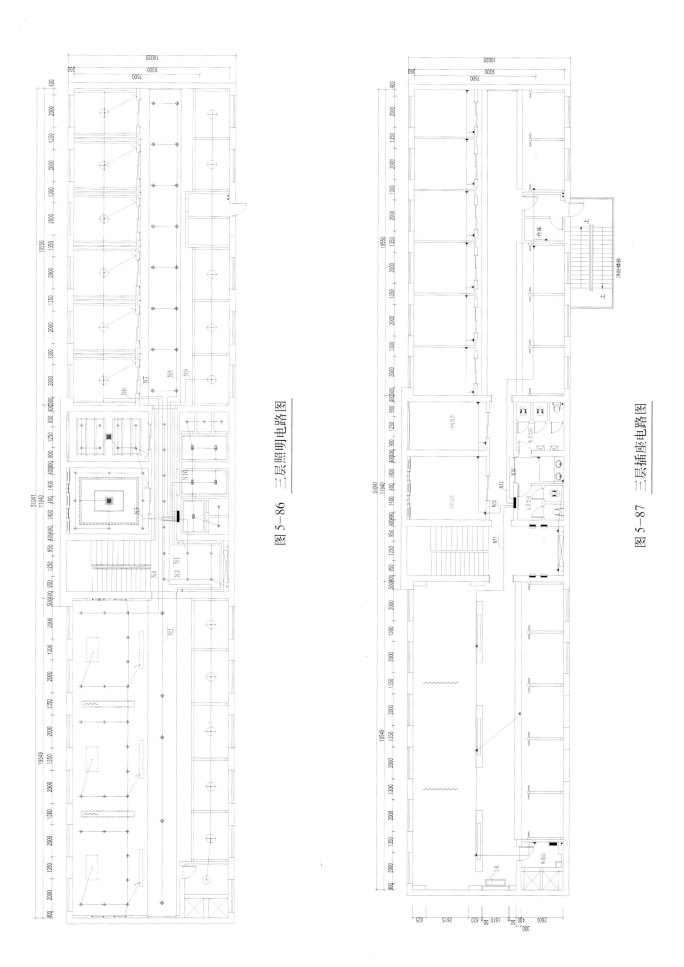

图 5-86　三层照明电路图

图 5-87　三层插座电路图

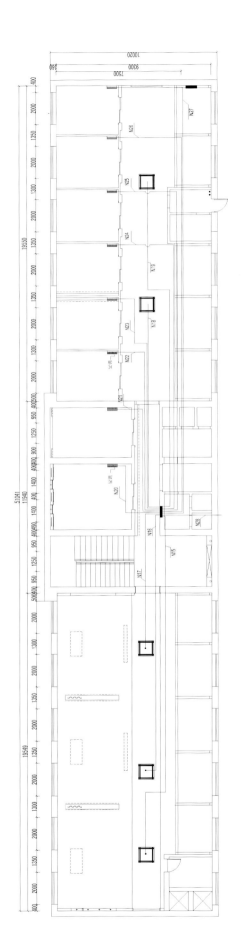

图 5-88　动力电路图

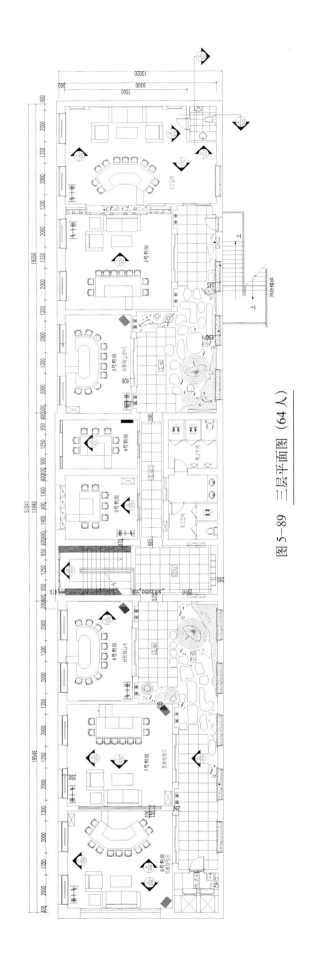

图 5-89　三层平面图（64 人）

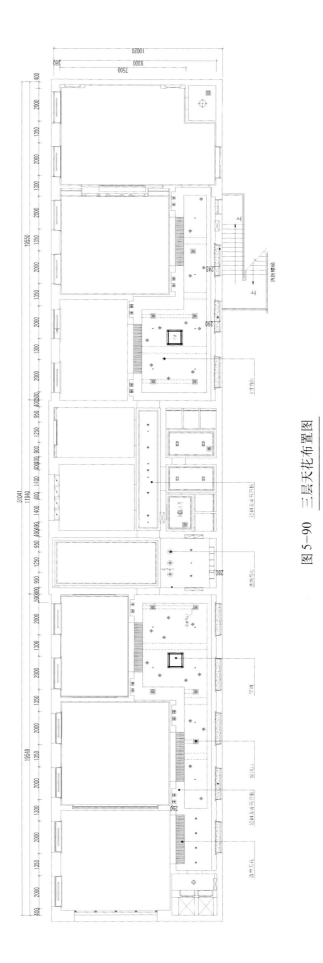

图 5-90　三层天花布置图

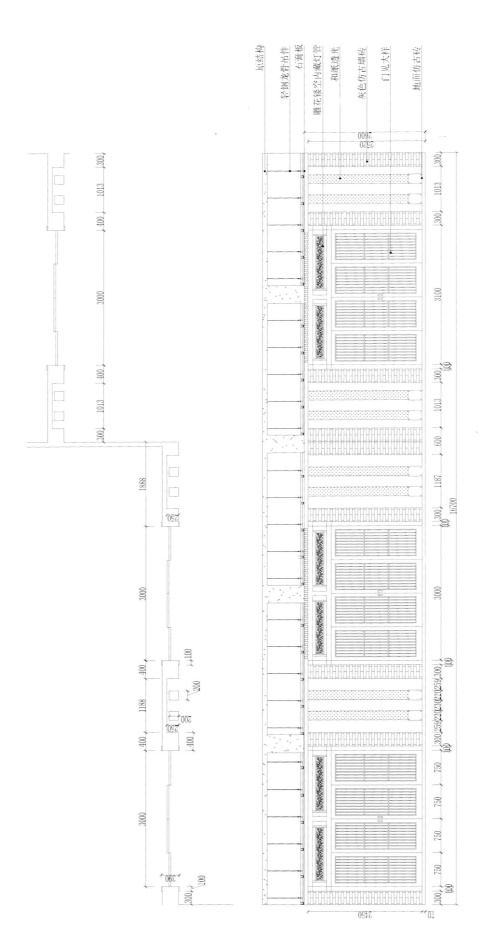

图 5-91　三层走廊 A 立面图

（十）拍摄实景照片

全部工程结束后，拍摄实景照片留公司存档（图5-92～5-102）。

图5-92　二层就餐区完工后实景照片

图5-93　二层就餐区完工后实景照片

图 5-94　二层就餐区完工后实景照片

图 5-95　二层就餐区局部实景照片

图 5-96　二层就餐区完工后实景照片

图 5-97　二层就餐区局部实景照片

图 5-98　二层就餐区局部实景照片

图 5-99　二层就餐区局部实景照片

图5-101　层就餐区局部实景照片

图 5-100　三层就餐区局部实景照片

图 5-102　三层就餐区完工后实景照片

附：**优秀设计作品欣赏**（图 5−103～5−117）

1.**某餐厅设计**(作者　廉久伟　张雷　姜野)

图 5−103　门脸夜景设计

图 5−104　门脸设计

图 5-105 餐厅内部景观设计

图 5-106 餐厅一楼就餐区设计

图 5-107　餐厅一楼就餐区设计

图 5-108　餐厅散座区设计

图 5-109　包房设计

图 5-110　卫生间设计

图 5-111　通道局部空间设计

2.某办公楼室内设计（作者　廉久伟　张雷）

图 5-112　一楼大厅设计

图 5-113　电梯间设计

图 5-114　大会议室设计

图 5-115　开敞办公区设计

图 5-116 卫生间设计

图 5-117 卫生间设计

附录1 国家职业标准

（中华人民共和国劳动和社会保障部制定）

室内装饰设计员

说　明

根据《中华人民共和国劳动法》的有关规定，为了进一步完善国家职业标准体系，为职业教育培训提供科学、规范的依据，劳动和社会保障部委托中国室内装饰协会组织有关专家，制定了《室内装饰设计员国家职业标准》(以下简称《标准》)。

一、本《标准》以《中华人民共和国职业分类大典》为依据，以客观反映现阶段本职业的水平和对从业人员的要求为目标，在充分考虑经济发展、科技进步和产业结构变化对本职业影响的基础上，对本职业的活动范围、工作内容、技能要求和知识水平作了明确规定。

二、本《标准》的制定遵循了有关技术规程的要求，既保证了《标准》体例的规范化，又体现了以职业活动为导向、以职业技能为核心的特点，同时也使其具有根据科技发展进行调整的灵活性和实用性，符合培训、鉴定和就业工作的需要。

三、本《标准》依据有关规定将本职业分为三个等级，包括职业概况、基本要求、工作要求和比重表四个方面的内容。

四、本《标准》是在各有关专家和实际工作者的共同努力下完成的。参加编写和审定的主要人员有：张绮曼、郑曙旸、赵仁里、谷守刚、罗果志、龚权、张丽、刘晓群。本《标准》在制定过程中，得到了中国室内装饰协会的大力支持，在此一并致谢。

五、本《标准》业经劳动和社会保障部批准，自2002年9月29日起施行。

室内装饰设计员国家职业标准

1．职业概况

1．1职业名称

室内装饰设计员。

1．2职业定义

运用物质技术和艺术手段，对建筑物及飞机、车、船等内部空间进行室内环境设计的专业人员。

1．3职业等级

本职业共设三个等级，分别为：室内装饰设计员(国家职业资格三级)、室内装饰设计师(国家职业资格二级)、高级室内装饰设计师(国家职业资格一级)。

1．4职业环境

室内，常温，无尘。

1．5职业能力特征（见表1）

1．6基本文化程度

大专毕业(或同等学力)。

1．7培训要求

1．7．1　培训期限

全日制职业学校教育，根据其培养目标和教学计划确定。晋级培训期限：室内装饰设计员不少于200标准学时；室内装饰设计师不少于150标准学时；高级室内装饰设计师不少于100标准学时。

1．7．2　培训教师

表1

	非常重要	重　要	一　般
学习能力	✓		
表达能力		✓	
计算能力		✓	
空 间 感	✓		
形体能力	✓		
色　觉	✓		
手指灵活性			✓

培训室内装饰设计员的教师应具有本职业室内装饰设计师以上职业资格证书；培训室内装饰设计师的教师应具有本职业高级室内装饰设计师以上职业资格证书或相关专业中级以上专业技术职务任职资格；培训高级室内装饰设计师的教师应具有本职业高级室内装饰设计师以上职业资格证书3年以上或相关专业高级以上专业技术职务任职资格。

1.7.3 培训场地设备

满足教学需要的标准教室和具有必备的工具和设备的场所。

1.8 鉴定要求

1.8.1 适用对象

从事或准备从事本职业的人员。

1.8.2 申报条件

——室内装饰设计员(具备以下条件之一者)

(1)经本职业室内装饰设计员正规培训达规定标准学时数，并取得毕(结)业证书。

(2)连续从事本职业工作4年以上。

(3)大专以上本专业或相关专业毕业生，连续从事本职业工作2年以上。

——室内装饰设计师(具备以下条件之一者)

(1)取得本职业室内装饰设计员职业资格证书后，连续从事本职业工作3年以上，经本职业室内装饰设计师正规培训达规定标准学时数，并取得毕(结)业证书。

(2)取得本职业室内装饰设计员职业资格证书后，连续从事本职业工作5年以上。

(3)连续从事本职业工作7年以上。

(4)取得本职业室内装饰设计员职业资格证书的高级技工学校本职业(专业)毕业生，连续从事本职业工作3年以上。

(5)取得本职业或相关专业大学本科毕业证书，连续从事本职业工作5年以上。

(6)取得本职业或相关专业硕士研究生学位证书，连续从事本职业工作2年以上。

——高级室内装饰设计师(具备以下条件之一者)

(1)取得本职业室内装饰设计师职业资格证书后，连续从事本职业工作5年以上，经本职业高级室内装饰设计师正规培训达规定标准学时数，并取得毕(结)业证书。

(2)取得本职业室内装饰设计师职业资格证书后，连续从事本职业工作5年以上。

(3)取得本职业或相关专业大学本科毕业证书，连续从事本职业工作8年以上。

(4)取得本职业或相关专业硕士研究生学位证书，连续从事本职业工作5年以上。

1.8.3 鉴定方式

分为理论知识考试和技能操作考核。理论知识考试采用闭卷笔试方式，技能操作考核采用现场实际操作方式。理论知识考试和技能操作考核均实行百分制，成绩皆达60分以上者为合格。室内装饰设计师、高级室内装饰设计师还须进行综合评审。

1.8.4 考评人员与考生配比

理论知识考试考评人员与考生配比为1:20，每个标准教室不少于2名考评人员；技能操作考核考评员与考生配比为1:5，且不少于3名考评员。综合评审委员不少于5人。

1.8.5 鉴定时间

理论知识考试时间不少于180 min；技能操作考核时间不少于360 min。综合评审时间不少于300 min。

1.8.6 鉴定场所设备

理论知识考试在标准教室进行，技能操作考核在具有必备的工具、设备的现场进行。

2. 基本要求

2.1 职业道德

2.1.1 职业道德基本知识

2.1.2 职业守则

(1)遵纪守法，服务人民。

(2)严格自律，敬业诚信。

(3)锐意进取，勇于创新。

2.2 基础知识

2.2.1 中外建筑、室内装饰基础知识

(1)中外建筑简史。

(2)室内设计史概况。

(3)室内设计的风格样式和流派知识。

(4)中外美术简史。

2.2.2 艺术设计基础知识

(1)艺术设计概况。

(2)设计方法。

(3)环境艺术。

(4)景观艺术。

2.2.3 人体工程学的基础知识

2.2.4 绘图基础知识

2．2．5应用文写作基础知识

2．2．6计算机辅助设计基础知识

2．2．7相关法律、法规知识

(1) 劳动法的相关知识。

(2) 建筑法的相关知识。

(3) 著作权法的相关知识。

(4) 建筑内部装修防火规范的相关知识。

(5) 合同法的相关知识。

(6) 产品质量法的相关知识。

(7) 标准化法的相关知识。

(8) 计算机软件保护条例的相关知识。

3．工作要求

本标准对室内装饰设计员、室内装饰设计师和高级室内装饰设计师的技能要求依次递进，高级别包括低级别的要求。

表3.1 室内装饰设计员

职业功能	工作内容	技能要求	相关知识
设计准备	项目功能分析	1．能够完成项目所在地域的人文环境调研 2．能够完成设计项目的现场勘测 3．能够基本掌握业主的构想和要求	1．民俗历史文化知识 2．现场勘测知识 3．建筑、装饰材料和结构知识
	项目设计草案	能够根据设计任务书的要求完成设计草案	1．设计程序知识 2．书写表达知识
设计表达	方案设计	1．能够根据功能要求完成平面设计 2．能够将设计构思绘制成三维空间透视图 3．能够为用户讲解设计方案	1．室内制图知识 2．空间造型知识 3．手绘透视图方法
	方案深化设计	1.能够合理选用装修材料，并确定色彩与照明方式 2．能够进行室内各界、门窗：家具、灯具、绿化、织物的选型 3．能够与建筑、结构、设备等相关专业配合协调	1．装修工艺知识 2．家具与灯具知识 3．色彩与照明知识 4．环境绿化知识
	细部构造设计与施工图绘制	1．能够完成装修的细部设计 2．能够按照专业制图规范绘制施工图	1．装修构造知识 2．建筑设备知识 3．施工图绘图知识
设计实施	施工技术工作	1．能够完成材料的选样 2．能够对施工质量进行有效的检查	1．材料的品种、规格、质量校验知识 2．施工规范知识 3．施工质量标准与检验知识
	竣工技术工作	1．能够协助项目负责人完成设计项目的竣工验收 2.能够根据设计变更协助绘制竣工图	1．验收标准知识 2．现场实测知识 3．竣工图绘制知识

表 3.2 室内装饰设计师

职业功能	工作内容	技能要求	相关知识
设计创意	设计构思	能够根据项目的功能要求和空间条件确定设计的主导方向	1．功能分析常识 2．人际沟通常识 3．设计美学知识 4．空间形态构成知识 5．手绘表达方法
	功能定位	能够根据业主的使用要求对项目进行准确的功能定位	
	创意草图	能够绘制创意草图	
	设计方案	1．能够完成平面功能分区、交通组织、景观和陈设布置图 2．能够编制整体的设计创意文案	1．方案设计知识 2．设计文案编辑知识
设计表达	综合表达	1．能够运用多种媒体全面地表达设计意图 2．能够独立编制系统的设计文件	1．多种媒体表达方法 2．设计意图表现方法 3．室内设计规范与标准知识
	施工图绘制与审核	1．能够完成施工图的绘制与审核 2．能够根据审核中出现的问题提出合理的修改方案	1．室内设计施工图知识 2．施工图审核知识 3．各类装饰构造知识
设计实施	设计与施工的指导	能够完成施工现场的设计技术指导	1．设计施工技术指导知识 2．技术档案管理知识
	竣工与验收	1．能够完成施工项目的竣工验收 2．能够根据设计变更完成施工项目的竣工验收	
设计管理	设计指导	1．能够指导室内装饰设计员的设计工作 2．能够对室内装饰设计员进行技能培训	专业指导与培训知识

表 3.3 高级室内装饰设计师

职业功能	工作内容	技能要求	相关知识
设计定位	设计系统总体规划	1．能够完成大型项目的总体规划设计 2．能够控制复杂项目的全部设计程序	1．总体规划设计知识 2．设计程序知识
设计创意	总体构思创意	1．能够提出系统空间形象创意 2．能够提出使用功能调控方案	创意思维与设计方法
设计表达	总体规划设计	1．能够运用各类设计手段进行总体规划设计 2．能够准确运用各类技术标准进行设计	建筑规范与标准知识
设计管理	组织协调	1．能够合理组织相关设计人员完成综合性设计项目 2．能够在设计过程中与业主、建筑设计方、施工单位进行总体协调	1．管理知识 2．公共关系知识
	设计指导	能够对设计员、设计师的设计工作进行指导	室内设计指导理论知识
	总体技术审核	能够运用技术规范进行各类设计审核	1．专业技术规范知识 2．专业技术审核知识
	设计培训	能够对设计员、设计师进行技能培训	1．教育学的相关知识 2．心理学的相关知识
	监督审查	1．能够完成各等级设计方案可行性的技术审查 2．能够对设计员、设计师所作设计进行全面监督、审核 3．能够对整个室内设计项目全面负责	1．技术监督知识 2．项目主持人相关知识

4.比重表

4.1 理论知识

项　　目			室内装饰设计员(%)	室内装设计师(%)	高级室内装饰设计师(%)
基本要求		职业道德	5	5	5
		基础知识	15	10	10
相关知识	设计准备	项目功能分析	5		
		项目设计草案	15		
	设计创意	设计构思		10	
		功能定位		10	
		创意草图		10	
		设计方案		10	
		总体构思创意			15
	设计定位	设计系统总体规划			10
	设计表达	方案设计	15		
		方案深化设计	10		
		细部构造设计与施工图	15		
		综合表达		10	
		施工图绘制与审核		10	
		总体规划设计			10
	设计实施	施工技术工作	10		
		竣工技术工作	10		
		竣工与验收		10	
		设计与施工的指导		10	
	设计管理	组织协调			12
		设计指导		5	10
		总体技术审核			8
		设计培训			10
		监督审查			10
合　　计			100	100	100

	项　目		室内装饰设计员(%)	室内装设计师(%)	高级室内装饰设计师(%)
相关知识	设计准备	项目功能分析	5		
		项目设计草案	20		
	设计创意	设计构思		10	
		功能定位		10	
		创意草图		10	
		设计方案		10	
		总体构思创意			20
	设计定位	设计系统总体规划			15
	设计表达	方案设计	20		
		方案深化设计	15		
		细部构造设计与施工图	20		
		综合表达		15	
		施工图绘制与审核		15	
		总体规划设计			15
	设计实施	施工技术工作	10		
		竣工技术工作	10		
		竣工与验收		10	
		设计与施工的指导		10	
	设计管理	组织协调			12
		设计指导		10	10
		总体技术审核			8
		设计培训			10
		监督审查			10
合　计			100	100	100

附录 2   全国室内设计师资格评定暂行办法

（中华人民共和国建设部）

第1章 总则

第一条 为了加强室内设计队伍建设，发挥室内设计人员的作用，提高室内设计水平，特制定本办法。

第二条 本办法所指室内设计师，亦称室内装饰设计师，是指运用物质技术和艺术手段，对建筑物及飞机、车、船等内部空间进行室内环境设计的专业人员。

第三条 中国室内装饰协会负责全国室内设计师资格考核、考试和认证工作。各省、自治区、直辖市、计划单列市室内装饰协会负责组织本辖区内的室内设计师资格考核、考试和认证工作。

第2章   室内设计师的设立及职责

第四条 室内设计师的等级设有：

（一）资深高级室内设计师；

（二）高级室内设计师；

（三）室内设计师；

（四）助理室内设计师。

第五条 室内设计师对承接的设计项目负责，从事的主要工作包括：

（1）进行空间形象设计；

（2）进行室内装修设计；

（3）进行室内物理环境设计；

（4）进行室内空间分隔组合、室内用品及成套设施配置等室内陈设艺术设计；

（5）对装修施工进行指导检查。

第3章   室内设计师的资格条件

第六条 室内设计师必须热爱祖国，遵纪守法，执行国家有关规定，具有良好的职业道德，积极为我国的室内装饰事业服务，并具备相应的专业学历和从事专业设计工作的经历。

第七条 资深高级室内设计师的条件具备第八条高级室内设计师条件，并已取得正教授、正研究员或相关资格，在本行业有较高威信。

第八条 高级室内设计师的条件：

（一）专业学历及工作经历：本专业或相近专业博士后流动站合格的出站人员；或获得本专业或相近专业博士学位，从事设计工作二年以上；或获得本专业或相近专业硕士学位，或双学士学位、二年以上的研究生班毕业，从事设计工作四年以上；或获得本专业或相近专业学士学位、大学本科毕业，从事设计工作六年以上；或本专业或相近专业大学专科毕业，从事设计工作十年以上。

（二）业绩：

1.主持设计室内装饰大型公共工程项目五个以上；

2.在省级以上报刊上发表过论文，或有专著，或在全国室内设计大展获得过金奖或银奖。

（三）外语：能熟练掌握一门外语。

第九条 室内设计师的条件

（一）学历及工作经历：

获得本专业或相近专业博士学位的人员；或获得本专业或相近专业硕士学位、研究生班毕业，从事设计工作二年以上；或本专业或相近专业大学本科毕业，从事设计工作三年以上；或本专业或相近专业大学专科毕业，从事设计工作五年以上。

（二）业绩：主持设计室内装饰公共工程项目两个以上。

（三）外语：能掌握一门外语。

第十条 助理室内设计师的条件

（一）学历及工作经历：

本专业或相近专业大学本科毕业，从事设计工作一年以上；或本专业或相近专业大学专科毕业，从事设计工作三年以上。

（二）业绩：参加设计室内装饰工程项目三个以上。

（三）外语：能掌握一门外语。

第4章   室内设计师的考核和考试

第十一条 室内设计师资格的取得必须经过资格考核和考试。

第十二条 室内设计师资格考核和考试，在中国室内装饰协会成立的全国室内设计师资格评审委员会的统一组织指导下进行。

第十三条 全国室内设计师资格评审委员会为非常设机构，主要由本行业专家及有关部门负责人组成，设主任委员一人、副主任委员若干人。

第十四条 全国室内设计师资格评审委员会下设办公室,负责考核和考试的具体工作,办公室设在全国室内装饰协会。

第十五条 省、自治区、直辖市、计划单列市室内装饰协会成立地方室内设计师资格评审委员会,分别负责组织本地区的考核和考试工作。地方室内设计师资格评审委员会的成立,需报中国室内装饰协会同意。

第十六条 室内设计师考核的主要内容按第六、七、八、九、十条各款办理。

第十七条 非"本专业"毕业的室内设计人员,要取得室内设计师资格,除按第八、九、十条有关条件考核外,还须经过培训,经资格考核委员会考试合格后方可取得资格证书。

第十八条 室内设计师资格考核或考试通过后,分别由全国或地方室内装饰行业协会认定,发给相应等级的室内设计师资格证书。资深高级室内设计师资格认定,经中国室内装饰协会工程设计委员会推荐,由中国室内装饰协会核准后颁发证书。高级室内设计师资格认定,经全国室内设计师资格评审委员会组织考核和考试,由中国室内装饰协会核准后颁发证书。室内设计师和助理室内设计师资格认证,经省、自治区、直辖市、计划单列市室内设计师资格评审委员会组织考核和考试,由省、自治区、直辖市、计划单列市室内装饰协会核准后颁发证书,报中国室内装饰协会备案。

第十九条 室内设计师资格考试办法由中国室内装饰协会统一制定。

第二十条 《室内设计师资格证书》由中国室内装饰协会统一印制,全国通用。

第5章 室内设计师的管理

第二十一条 全国及地方室内装饰协会负责室内设计师管理工作。

第二十二条 全国及地方室内装饰协会每三年对《室内设计师资格证书》持有者复查一次。复查工作按以下程序进行:

(一)受复查人按规定时间提交《室内设计师资格复查表》、《室内设计师资格证书》。

(二)在审查核实有关资料后,应对室内设计师资格复查做出结论。

第二十三条 复查结论为"合格"、"不合格"两种。

(一)室内设计师能正常完成设计项目,未发生责任过失的为"合格"。

(二)室内设计师不能完成设计项目,或在复查期内从事设计工作不满一年的,或有责任过失生严重经济后果的为"不合格"。

第二十四条 复查结论为"合格"者,保留原有资格。复查结论为"不合格"者,经重新申请与核准方可获得相应等级的室内设计师资格。

第二十五条 室内设计师达到上一个资格等级条件的,可向全国或地方室内设计师资格考核委员会申请升级。

第二十六条 违反本办法,以不正当手段取得《室内设计师资格证书》的,室内设计师管理部门应收缴其资格证书。

第二十七条 被收缴资格证书的室内设计人员,两年后方可重新申请室内设计师资格。

第二十八条 本办法由中国室内装饰协会负责解释。

附录3　住宅室内装饰装修管理办法

（中华人民共和国建设部）

第1章　总则

第一条　为加强住宅室内装饰装修管理，保证装饰装修工程质量和安全，维护公共安全和公众利益，根据有关法律、法规，制定本办法。

第二条　在城市从事住宅室内装饰装修活动，实施对住宅室内装饰装修活动的监督管理，应当遵守本办法。本办法所称住宅室内装饰装修，是指住宅竣工验收合格后，业主或者住宅使用人（以下简称装修人）对住宅室内进行装饰装修的建筑活动。

第三条　住宅室内装饰装修应当保证工程质量和安全，符合工程建设强制性标准。

第四条　国务院建设行政主管部门负责全国住宅室内装饰装修活动的管理工作。

省、自治区人民政府建设行政主管部门负责本行政区域内的住宅室内装饰装修活动的管理工作。直辖市、市、县人民政府房地产行政主管部门负责本行政区域内的住宅室内装饰装修活动的管理工作。

第2章　一般规定

第五条　住宅室内装饰装修活动，禁止下列行为：

（一）未经原设计单位或者具有相应资质等级的设计单位提出设计方案，变动建筑主体和承重结构；

（二）将没有防水要求的房间或者阳台改为卫生间、厨房间；

（三）扩大承重墙上原有的门窗尺寸，拆除连接阳台的砖、混凝土墙体；

（四）损坏房屋原有节能设施，降低节能效果；

（五）其他影响建筑结构和使用安全的行为。

本办法所称建筑主体，是指建筑实体的结构构造，包括屋盖、楼盖、梁、柱、支撑、墙体、连接接点和基础等。

本办法所称承重结构，是指直接将本身自重与各种外加作用力系统地传递给基础地基的主要结构构件和其连接接点，包括承重墙体、立杆、柱、框架柱、支墩、楼板、梁、屋架、悬索等。

第六条　装修人从事住宅室内装饰装修活动，未经批准，不得有下列行为：

（一）搭建建筑物、构筑物；

（二）改变住宅外立面，在非承重外墙上开门、窗；

（三）拆改供暖管道和设施；

（四）拆改燃气管道和设施。

本条所列第（一）项、第（二）项行为，应当经城市规划行政主管部门批准；第（三）项行为，应当经供暖管理单位批准；第（四）项行为应当经燃气管理单位批准。

第七条　住宅室内装饰装修超过设计标准或者规范增加楼面荷载的，应当经原设计单位或者具有相应资质等级的设计单位提出设计方案。

第八条　改动卫生间、厨房间防水层的，应当按照防水标准制订施工方案，并做闭水试验。

第九条　装修人经原设计单位或者具有相应资质等级的设计单位提出设计方案变动建筑主体和承重结构的，或者装修活动涉及本办法第六条、第七条、第八条内容的，必须委托具有相应资质的装饰装修企业承担。

第十条　装饰装修企业必须按照工程建设强制性标准和其他技术标准施工，不得偷工减料，确保装饰装修工程质量。

第十一条　装饰装修企业从事住宅室内装饰装修活动，应当遵守施工安全操作规程，按照规定采取必要的安全防护和消防措施，不得擅自动用明火和进行焊接作业，保证作业人员和周围住房及财产的安全。

第十二条　装修人和装饰装修企业从事住宅室内装饰装修活动，不得侵占公共空间，不得损害公共部位和设施。

第3章　开工申报与监督

第十三条　装修人在住宅室内装饰装修工程开工前，应当向物业管理企业或者房屋管理机构（以下简称物业管理单位）申报登记。

非业主的住宅使用人对住宅室内进行装饰装修，应当取得业主的书面同意。

第十四条　申报登记应当提交下列材料：

（一）房屋所有权证（或者证明其合法权益的有效凭证）；

（二）申请人身份证件；

（三）装饰装修方案；

（四）变动建筑主体或者承重结构的，需提交原设计单位或者具有相应资质等级的设计单位提出的设计方案；

（五）涉及本办法第六条行为的，需提交有关部门的批准文件，涉及本办法第七条、第八条行为的，需提交设计方案或者施工方案；

（六）委托装饰装修企业施工的，需提供该企业相关资质证书的复印件。

非业主的住宅使用人，还需提供业主同意装饰装修的书面证明。

第十五条 物业管理单位应当将住宅室内装饰装修工程的禁止行为和注意事项告知装修人和装修人委托的装饰装修企业。装修人对住宅进行装饰装修前，应当告知邻里。

第十六条 装修人，或者装修人和装饰装修企业，应当与物业管理单位签订住宅室内装饰装修管理服务协议。

住宅室内装饰装修管理服务协议应当包括下列内容：

（一）装饰装修工程的实施内容；

（二）装饰装修工程的实施期限；

（三）允许施工的时间；

（四）废弃物的清运与处置；

（五）住宅外立面设施及防盗窗的安装要求；

（六）禁止行为和注意事项；

（七）管理服务费用；

（八）违约责任；

（九）其他需要约定的事项。

第十七条 物业管理单位应当按照住宅室内装饰装修管理服务协议实施管理，发现装修人或者装饰装修企业有本办法第五条行为的，或者未经有关部门批准实施本办法第六条所列行为的，或者有违反本办法第七条、第八条、第九条规定行为的，应当立即制止；已造成事实后果或者拒不改正的，应当及时报告有关部门依法处理。对装修人或者装饰装修企业违反住宅室内装饰装修管理服务协议的，追究违约责任。

第十八条 有关部门接到物业管理单位关于装修人或者装饰装修企业有违反本办法行为的报告后，应当及时到现场检查核实，依法处理。

第十九条 禁止物业管理单位向装修人指派装饰装修企业或者强行推销装饰装修材料。

第二十条 装修人不得拒绝和阻碍物业管理单位依据住宅室内装饰装修管理服务协议的约定，对住宅室内装饰装修活动的监督检查。

第二十一条 任何单位和个人对住宅室内装饰装修中出现的影响公众利益的质量事故、质量缺陷以及其他影响周围住户正常生活的行为，都有权检举、控告、投诉。

第4章 委托与承接

第二十二条 承接住宅室内装饰装修工程的装饰装修企业，必须经建设行政主管部门资质审查，取得相应的建筑业企业资质证书，并在其资质等级许可的范围内承揽工程。

第二十三条 装修人委托企业承接其装饰装修工程的，应当选择具有相应资质等级的装饰装修企业。

第二十四条 装修人与装饰装修企业应当签订住宅室内装饰装修书面合同，明确双方的权利和义务。

住宅室内装饰装修合同应当包括下列主要内容：

（一）委托人和被委托人的姓名或者单位名称、住所地址、联系电话；

（二）住宅室内装饰装修的房屋间数、建筑面积，装饰装修的项目、方式、规格、质量要求以及质量验收方式；

（三）装饰装修工程的开工、竣工时间；

（四）装饰装修工程保修的内容、期限；

（五）装饰装修工程价格，计价和支付方式、时间；

（六）合同变更和解除的条件；

（七）违约责任及解决纠纷的途径；

（八）合同的生效时间；

（九）双方认为需要明确的其他条款。

第二十五条 住宅室内装饰装修工程发生纠纷的，可以协商或者调解解决。不愿协商、调解或者协商、调解不成的，可以依法申请仲裁或者向人民法院起诉。

第5章 室内环境质量

第二十六条 装饰装修企业从事住宅室内装饰装修活动，应当严格遵守规定的装饰装修施工时间，降低施工噪音，减少环境污染。

第二十七条 住宅室内装饰装修过程中所形成的各种固体、可燃液体等废物，应当按照规定的位置、方式和时间堆放和清运。严禁违反规定将各种固体、可燃液体等废物堆放于住宅垃圾道、楼道或者其他地方。

第二十八条 住宅室内装饰装修工程使用的材料和设备必须符合国家标准，有质量检验合格证明和有中文标识的产品名称、规格、型号、生产厂厂名、厂址等。禁止使用国家明令淘汰的建筑装饰装修材料和设备。

第二十九条 装修人委托企业对住宅室内进行装饰装修的，装饰装修工程竣工后，空气质量应当符合国家有关标准。装修人可以委托有资格的检测单位对空气质量进行检测。检测不合格的，装饰装修企业应当返工，并由责任人承担相应损失。

第6章　竣工验收与保修

第三十条 住宅室内装饰装修工程竣工后，装修人应当按照工程设计合同约定和相应的质量标准进行验收。验收合格后，装饰装修企业应当出具住宅室内装饰装修质量保修书。

物业管理单位应当按照装饰装修管理服务协议进行现场检查，对违反法律、法规和装饰装修管理服务协议的，应当要求装修人和装饰装修企业纠正，并将检查记录存档。

第三十一条 住宅室内装饰装修工程竣工后，装饰装修企业负责采购装饰装修材料及设备的，应当向业主提交说明书、保修单和环保说明书。

第三十二条 在正常使用条件下，住宅室内装饰装修工程的最低保修期限为两年，有防水要求的厨房、卫生间和外墙面的防渗漏为五年。保修期自住宅室内装饰装修工程竣工验收合格之日起计算。

第7章　法律责任

第三十三条 因住宅室内装饰装修活动造成相邻住宅的管道堵塞、渗漏水、停水停电、物品毁坏等，装修人应当负责修复和赔偿；属于装饰装修企业责任的，装修人可以向装饰装修企业追偿。装修人擅自拆改供暖、燃气管道和设施造成损失的，由装修人负责赔偿。

第三十四条 装修人因住宅室内装饰装修活动侵占公共空间，对公共部位和设施造成损害的，由城市房地产行政主管部门责令改正，造成损失的，依法承担赔偿责任。

第三十五条 装修人未申报登记进行住宅室内装饰装修活动的，由城市房地产行政主管部门责令改正，处500元以上1千元以下的罚款。

第三十六条 装修人违反本办法规定，将住宅室内装饰装修工程委托给不具有相应资质等级企业的，由城市房地产行政主管部门责令改正，处500元以上1千元以下的罚款。

第三十七条 装饰装修企业自行采购或者向装修人推荐使用不符合国家标准的装饰装修材料，造成空气污染超标的，由城市房地产行政主管部门责令改正，造成损失的依法承担赔偿责任。

第三十八条 住宅室内装饰装修活动有下列行为之一的，由城市房地产行政主管部门责令改正，并处罚款：

（一）将没有防水要求的房间或者阳台改为卫生间、厨房间的，或者拆除连接阳台的砖、混凝土墙体的，对装修人处500元以上1千元以下的罚款，对装饰装修企业处1千元以上1万元以下的罚款；

（二）损坏房屋原有节能设施或者降低节能效果的，对装饰装修企业处1千元以上5千元以下的罚款；

（三）擅自拆改供暖、燃气管道和设施的，对装修人处500元以上1千元以下的罚款；

（四）未经原设计单位或者具有相应资质等级的设计单位提出设计方案，擅自超过设计标售或者规范增加楼面荷载的，对装修人处500元以上1千元以下的罚款，对装饰装修企业处1千元以上1万元以下的罚款。

第三十九条 本经城市规划行政主管部门批准，在住宅室内装饰装修活动中措建建筑物、构筑物的，或者擅自改变住宅外立面、在非承重外墙上开门、窗的，由城市规划行政主管部门按照《城市规划法》及相关法规的规定处罚。

第四十条 装修人或者装饰装修企业违反《建设工程质量管理条例》的，由建设行政主管部门按照有关规定处罚。

第四十一条 装饰装修企业违反国家有关安全生产规定和安全生产技术规程，不按照规定采取必要的安全防护和消防措施，擅自动用明火作业和进行焊接作业的，或者对建筑安全事故隐患不采取措施予以消除的，由建设行政主管部门责令改正，并处1千元以上1万元以下的罚款；情节严重的，责令停业整顿，并处1万元以上3万元以下的罚款；造成重大安全事故的，降低资质等级或者吊销资质证书。

第四十二条 物业管理单位发现装修人或者装饰

装修企业有违反本办法规定的行为不及时向有关部门报告的,由房地产行政主管部门给予警告,可处装饰装修管理服务协议约定的装饰装修管理服务费2至3倍的罚款。

第四十三条 有关部门的工作人员接到物业管理单位对装修人或者装饰装修企业违法行为的报告后,未及时处理,玩忽职守的,依法给予行政处分。

第8章 附则

第四十四条 工程投资额在30万元以下或者建筑面积在300平方米以下,可以不申请办理施工许可证的非住宅装饰装修活动参照本办法执行。

第四十五条 住宅竣工验收合格前的装饰装修工程管理,按照《建设工程质量管理条例》执行。

第四十六条 省、自治区、直辖市人民政府建设行政主管部门可以依据本办法,制定实施细则。

第四十七条 本办法由国务院建设行政主管部门负责解释。

第四十八条 本办法自2002年5月 1日起施行。

主要参考文献

《室内设计原理》 来增祥、陆震伟主编 中国建筑工业出版社 1996

《室内设计师手册》 高群生等主编 中国建筑工业出版社 2001

《全国室内设计师资格考试试卷精选》 中国室内装饰协会编 中国建筑工业出版社 2003

《现代室内设计与实务》 成涛编著 广东科技出版社 1997

《室内设计教程》 霍维国、霍光编著 机械工业出版社 2006

《中国大百科全书》 (建筑、园林、城市规划) 建筑、园林、城市规划编委会
    中国大百科全书出版社 1988

《美国室内设计通用教材》 (美) 卢安·尼森 雷··福克纳等著 陈德民等译
    上海人民美术出版社 2004

《室内设计基础知识》 史春珊主编 辽宁科技出版社 1989

《像艺术家一样思考》 (二)(美)贝蒂·艾德华著 张索娃译
    海南出版社 三环出版社联合出版 2004

《职业教育新编》 李向东、卢双盈主编 高等教育出版社 2005

《室内设计培训教程》 (英)詹妮·吉布斯著 陈德民等译 上海人民美术出版社 2006

《室内环境设计初步》 刘敬东编著 东北大学出版社 2002

《开始设计》 褚冬竹 机械工业出版社 2007

《室内装饰设计》 (中级) 劳动和社会保障部教材办公室 上海市职业培训指导中心共同
    组织编写中国劳动社会保障出版社 2005

《室内设计》 劳动和社会保障部教材办公室编写 中国劳动社会保障出版社 2006

《高职教育与发展》 都本伟主编 大连理工大学出版社 2001

《高职教育理论探索与实践》 王毅、卢崇高、季跃东著 东南大学出版社 2005

《室内设计新趋势》 曾坚、丁琦主编 东南大学出版社 2003

《室内设计商业手册》 (美)Mary V.Knackstedt编著 吴棱、曹文译 机械工业出版社 2005

《室内设计师专业实践手册》 郑成标著 中国计划出版社 2005

《室内设计接单技巧》 贾森著 中国建筑工业出版社 2006

对上述参考文献的出版社和作者表示感谢!